Cook50191

一起 帥廚廣宏一的
經典家常菜100
吃飯吧！

作者	廣宏一
攝影	徐榕志
美術設計	鄭雅惠
編輯	劉曉甄
校對	連玉瑩
行銷	邱郁凱
校對	連玉瑩
企畫統籌	李橘
總編輯	莫少閒
出版者	朱雀文化事業有限公司
地址	台北市基隆路二段 13-1 號 3 樓
電話	02-2345-3868
傳真	02-2345-3828
劃撥帳號	19234566　朱雀文化事業有限公司
e-mail	redbook@hibox.biz
網址	http://redbook.com.tw
總經銷	大和書報圖書股份有限公司 (02)8990-2588
ISBN	978-986-97710-6-1
初版一刷	2019.10
定價	480 元

出版登記 北市業字第 1403 號

國家圖書館出版品預行編目 (CIP) 資料

一起吃飯吧！：帥廚廣宏一的經典家常
菜 100 / 廣宏一作 . -- 初版 . -- 臺北市：
朱雀文化，2019.10
面；　公分 . -- (Cook；50191)
ISBN 978-986-97710-6-1(平裝)
1. 食譜
427.1　　　　　　　　　　108015558

About 買書

●實體書店：北中南各書店及誠品、金石堂、何嘉仁等連鎖書店均有
販售。建議直接以書名或作者名，請書店店員幫忙尋找書籍及訂購。
●●網路購書：至朱雀文化網站購書可享 85 折起優惠，博客來、讀冊、
PCHOME、MOMO、誠品、金石堂等網路平台亦均有販售。
●●●郵局劃撥：請至郵局窗口辦理（戶名：朱雀文化事業有限公司，
帳號 19234566），掛號寄書不加郵資，4 本以下無折扣，5～9 本 95 折，
10 本以上 9 折優惠。

一起吃飯吧！

帥廚廣宏一的經典家常菜100

廣宏一 著

朱雀文化

打開味蕾，精進手藝，
引起你對料理的熱情

　　第一次看到宏一，是民視當家花旦——德馨帶他前來，那雙深邃的眼睛，是當天印象最深刻的一眼；日後又有好幾次接觸，慢慢發現，他除了帥，竟然還有令人驚艷的好手藝。幾次聊天下來，我發現只要談到食物，宏一總是兩眼放光地侃侃而談，完全停不下話匣子！

　　接觸多次之後，我才知道他祖上是滿清正藍旗出身，廣爺爺、廣爸都「赫赫有名」。這樣的身世背景，宏一沒有「繼承家業」走上政治之路，反而在「餐飲業」悠遊，著實令人好奇，直到我嘗過他親手做的「就是醬」時，才明白宏一血液裡流著家族做任何職業都要做到極致的DNA。他不僅愛吃、愛做，更愛獨創，經常在料理上逼到「自己想哭」的程度。德馨不只一次跟我說：「宏一如果沒有通告，就是在做料理；如果不是在做料理，就是在料理的路上。」這樣一位對料理執著的人，我很高興聽到他要出書的消息！

　　《一起吃飯吧！帥廚廣宏一的經典家常菜100》彙集了宏一的百道食譜，是他從事餐飲多年來，最具代表、最有意義，甚至是堅定他想在餐飲闖出一片天的料理，每道食譜都有個故事，小時候的頑皮、移民波士頓的回憶、在上海認真打拚的印記、在東北零下幾十度冷冽天氣裡，經營餐廳的喜怒哀樂……，這些點點滴滴，都在每一道食譜中，一一呈現。

　　書裡的食譜很多看起來很常見，但我發現裡面有很多道菜經過宏一的巧思，賦予了新的亮點，像「茶杯瓜仔肉」就是將我們耳熟能詳的瓜仔肉，裝在老人茶的茶杯中，讓瓜子肉上得了「檯面」；又如「彩虹剁椒洋蔥碗」，把洋蔥當碗，創意十足。

　　這本《一起吃飯吧！帥廚廣宏一的經典家常菜100》中，宏一把他對料理的熱愛、執著，全都寫了進去，真心推薦給大家，希望拿到這本書的你，能從一道道的食譜中，打開你的味蕾、精進你的手藝，也期待透過這本書，引起你對料理的熱情！

台灣最美的歐巴桑

若不是在料理，就是在料理的路上！
廣宏一老師──料理界的海賊王

倘若，「小說作者是文字的鍊金師」，在文字的世界裡，我們得到重生的力量；那麼，優秀的廚師則是美食魔法師，滿足了我們的五感，同時也將烹飪推向藝術，透過一道道的料理，療癒撫慰人們的身心。

廣宏一老師正是那位美食魔法師，而他也是穿梭在文字與料理之間的詩人。年少輕狂時，他以「文字」為業；現在的他，以「料理」為職。熱愛料理，即使是微不足道的小菜，也要做到最好；熱愛烹調，即使是再難的大菜，也要從他的手中做出。「老師好帥啊！」大概是最常聽見的評語，而一般人對老師的印象，也總被「偶像型主廚」、「帥哥主廚」給制約了，除非上過老師的課，少有人能了解他在料理上花費的心力、專業與熱情。而我認識的廣宏一老師，正是一位「熱愛料理、尊敬料理、愛上料理」的廚師。

每一道料理從食材的特性、處理的方式，到烹煮上桌，甚至於最後的擺盤，透過多道程序將食物做最完美的呈現。在這樣的過程當中，反反覆覆來回推敲，甚至必須不斷地推翻自己：「要一直努力到讓自己想哭的地步」，這是老師最常掛在嘴邊的一句話。而我也確認自己所認識的廣宏一老師，「若不是在料理，就是在料理的路上。」

在這本食譜中，廣宏一老師以深入淺出的方式，介紹 100 道各式料理，其中不乏各大餐廳招牌大菜、異國風情的美食料理，經由老師的創意與巧手，將食材完美協調、組合，成為適合出現在家庭的美味料理。除了傳授最美味的烹飪技法，書中更提到諸多飲食文化與典故，以及各式各樣的小撇步，讓讀者在精進廚藝之餘，更能享受料理的樂趣，堪稱是料理聖經，絕對值得珍藏擁有。

肚子餓時容易暴走；常常念錯字，英文比中文還好；一旦立下目標便全力以赴，排除萬難，每分每秒堅持努力，完成夢想。他，是廣宏一老師，是料理界的海賊王。準備好了嗎？讓我們一起進入廣宏一老師的異想世界，好好享受這一趟療癒身心靈的料理之旅。

藝人

這世界不一定完美，
但用愛做的料理，一定完美

在書即將付梓前夕，我倚在廚房的窗邊，望著南京東路的車水馬龍，回想我近 50 年的過往人生。儘管人生近半百，但我仍有千歲般的憂愁。很多事情回不了頭、也不能回頭，但我卻很慶幸，走上了料理的這條路。

愛上料理，是母親的耳濡目染

父母親由於工作繁忙，從幼稚園起我就得自己上學下課。還記得五歲上幼稚園的時候，那是個小孩子坐公車不用付錢卻一定得要有大人做陪的年代，我學會一個人從六張犁的富陽街，等待在陌生大人身後，快速尾隨跟著搭上公車，默數 19 站到西門町附近的衡陽路下車，走到父母開的蠶絲公司等候他們回家。這看似心酸的成長過程，卻也造就我日後在全世界任何一個角落，都可以快速溶入當地、不易迷路。

到了小學一年級，平日三餐得自己去麵包店或是餐廳掛帳月結，住家方圓的 1 公里以內的餐廳，我幾乎都光顧過，甚至可以獨立點菜。小學那一段被大安區各家知名餐廳養大的歲月，造就了今日嘴叼的我。雖然平日總遊走在各「餐館」，但每個週末早晨，則是我最快樂的時光。母親會牽著我的小手，帶著我去泰順街的傳統市場買菜，教我認識各種青菜、肉類、水果，然後回家邊炒菜邊回頭詢問我這一週的生活。能夠在廚房看著母親炒菜的背影，是我一週最快樂的時光，這份快樂讓我「愛上」料理而不僅僅是「喜歡」料理，因為料理讓我與母親最接近、因為料理讓我感受到母親對我的愛。

有時候在迷霧中，才能靜下心找到原本該走的路

「廣宏一」並不是我的藝名，它是我真真實實的本名。我的曾祖父是滿清正藍旗官拜二品的領軍大臣；爺爺是台灣第一屆立法委員及國大代表，退休擔任台大教授；而曾身任聯合國駐北京負責絲綢之路計畫的父親，是哈佛大學碩士畢業。就連與我同輩這一代的老姐，雖然沒有從政，但也是全台灣榜首考上台大，又因為「無聊」考上日本九州醫學院博士。身為這樣「顯赫的世代家族」的長子，家裡的期待可想而知，不是當醫生發明癌症的解藥、或是當外交官還是當某國的總理，或退而求其次當當「眼睛可以射出雷射光，征服全宇宙的超人」，但我卻選擇了成為一位「廚師」。

「廚師」這個志願雖未曾出現在我國小的作文裡，卻是從成長的累積中，逐漸在心裡萌芽。我曾在大陸某上市公司集團做到分公司總經理，有幸利用公司資源與金錢，公費出國

研究各國當地文化歷史、飲食生活與消費行為，手握 7 個烘焙品牌，從原料、配方到企劃、上市。那一段累積的歷程，雖然讓我離家更遠，但離夢想的料理卻更近！那些自己去世界各國城市的經歷，讓我確定料理對我還有周遭人的重要性，與小時候母親給我的幸福感，合而為一，觸動了我放下一切專心當個料理工作者的決心，終於讓我選擇回台灣以料理人為終身職志（當然，其中一個原因是要「征服宇宙眼睛噴出雷射光」實在有難度。）

當同齡還在享用父母的愛心便當時，我吃著餐館料理長大；在許多同窗好友在為生活打拚，而我卻成為任職上市公司集團分公司總經理，走訪歐美日等國記錄著在地的飲食料理，這些看似沒有交集的人生經驗，卻在我這衝突有趣的生命裡，確定會在墓碑上刻下「他是個很容易肚子餓又刁嘴的廚師！」的墓誌銘。

人們常想到的是要什麼，卻忘記不要什麼才會開心

我不是一個完美的廚師，我的料理也不是最獨一無二的，但對料理的熱情與執著，卻是如海賊王披靡地的自信。

我無可救藥地愛上料理，其實也就是我周遭的朋友，會因為我的料理，在晚餐時出現在我身旁，讓我有機會陪著他們一起晚餐，聽他們最近所發生的事情，不論是小孩調皮搗蛋的趣事、父母的期許、工作上的委屈，甚至是感情的糾葛，或是他們最喜歡與不喜歡的那些料理；而之於我，每次端上料理的那一剎那，我都期待這是朋友們最幸福的一餐，希望這是他們疲憊身軀嘗到最令振奮的風味，而更希望、很期待的朋友們能夠嘗到我在這一路上「家的味道！」

感謝朱雀文化總編輯莫少閒，為了我的出書夢，打破了她只出素食書的原則；感謝德馨，總在我反反覆覆來回無理取鬧推翻自己料理時，默默地在一旁為我收拾殘局，吃下我的不滿意的失敗品；感謝我的粉絲，因為你們不斷的支持與鼓勵，造就了今日不服輸的我，讓我可以做出我想要的料理；感謝所有的讀者，因為你們的掏錢買書，肯定了我自己，是在做一件「有意義的事」。

《一起吃飯吧！帥廚廣宏一的經典家常菜 100》希望你和戀人、家人、友人，常常聚在一起，吃飯！！

目錄 CONTENTS

編按：
本書依料理製作難易度，區
分為 1~3 顆星（1 顆星最簡單；
3 顆星最難），讀者可視難易
度進行料理。

Part1 好吃不膩的 下飯菜

目錄 CONTENTS

書中影片這樣看 本書中有◆者，表示該道料理有全部或局部示範影片。

方法1 有 Line 就可以掃

開啟LINE APP → 好友 → 行動條碼 → 對準書中條碼 → 連結開啟播放

Part4 | 經典不敗的 調味醬料 & 高湯

料理人行話

方法2 | 下載 App 也很簡單

連結上網後
開啟手機或平板
應用程式下載功能

點選開啟
QR Code APP

對準書中條碼

連結開啟播放

Part 1

好吃不膩的
下飯菜

這些是我最愛也最常做的菜色，
請動手做看看，希望我喜歡的美味，
也能成為你家餐桌上的好味道！

難易度 ★ 2~4 人份

簡單調味，美味不簡單

尼斯沙拉

美味關鍵

鱈魚肝、鮪魚
與芹菜的混搭
是靈魂。

尼斯沙拉有各種版本，多以海鮮為佐料，最常見的是罐頭鮪魚或油漬鯷魚。但我參考日式居酒屋的鱈魚肝下酒菜，再結合西式鮪魚，最後以清爽的芹菜末寫上驚嘆號！

材料

沙拉

蘿蔓生菜 150 克、牛蕃茄半顆、馬鈴薯丁 1/4 顆、芹菜 10 克、紅甜椒丁 30 克、黃甜椒丁 30 克、洋蔥 1/4 顆、市售罐頭去籽黑橄欖 6 顆、冰塊 50 克、食用水 100 克、味霖 10 毫升、四季豆 6 根、市售水煮罐頭鮪魚 70 克、市售罐頭鱈魚肝 70 克、雞蛋 1 顆

調味料

橄欖油 10 毫升、海鹽適量

油醋醬

初榨橄欖油 30 克、巴沙米克醋 10 克、海鹽適量

做法

1. 食材洗淨，蘿蔓生菜、牛蕃茄切片、馬鈴薯、紅黃椒切丁、芹菜切末、洋蔥切絲，並將罐頭去籽黑橄欖切片備用。

2. 將食用水 100 克放入大碗中，加入冰塊與味霖，將洋蔥絲放入去辣味；四季豆去老絲後，煮一鍋水加鹽與橄欖油，水滾後燙 60 秒即可撈起過冰水切一公分小段。

3. 鮪魚放入大碗中後加入切碎的芹菜末拌勻，加入鱈魚肝，以湯匙碾碎拌勻。

4. 馬鈴薯丁以少油煎或以烤箱烤熟，將冰鎮過的洋蔥絲取出瀝乾備用；油醋醬材料放入碗中，攪拌均勻備用。

5. 所有食材依個人喜好排列放入沙拉碗中，最後放上切片黑橄欖，再淋上醬汁，即完成美味沙拉。

料理小秘訣

① 鱈魚肝與鮪魚再加上芹菜末重新調味組合，是這道菜美味的關鍵。

② 馬鈴薯用少油煎或無油烤熟，我個人覺得這樣料理方式比較搭配生菜沙拉。

難易度 ★

2~4 人份

吃一口心情美麗

彩虹沙拉

美味關鍵

油醋醬比例
是秘訣

只要你喜歡，任何沙拉都可以自創！它的用料很隨心所欲，辣椒、香腸都能入沙拉。有時一盤豐富的沙拉，是心情旖旎的開始！

材料

食材

市售溏心蛋 1 顆、蘿蔓生菜 150 克、美國酪梨半顆、紅蘿蔔絲 30 克、小黃瓜絲 30 克、紅甜椒 30 克、黃甜椒 30 克、藍紋起司 1 大匙、小蕃茄 5 顆、切片黑橄欖 20 克

油醋醬

初榨橄欖油 30 毫升、巴沙米克醋 10 毫升、橘子汁 5 毫升、檸檬汁 5 毫升、海鹽適量

做法

1. 溏心蛋切好、蘿蔓生菜洗淨瀝乾，用手剝成小片備用。
2. 美國酪梨對切去籽，用刀直接劃出「井」字，以小湯匙挖出漂亮的小方塊。
3. 小黃瓜、紅蘿蔔切絲、紅黃甜椒去膜去籽切絲、藍紋起司切丁、小蕃切對切備用。
4. 將初榨橄欖油與巴沙米克醋和橘子汁、檸檬汁、海鹽放入容器中，攪拌後大力搖晃到起泡。
5. 所有食材依個人喜好排列放入沙拉碗中，最後放上切片黑橄欖，再淋上醬汁，即完成美味沙拉。

料理小秘訣

① 初榨橄欖油與巴沙米克醋，以 3：1 的比例混合，與橘子汁調合，味道真迷人，再加上檸檬汁與海鹽調味，滋味更升級。

② 這道菜獨特之處是加入不同特徵明顯的果類，例如柑橘汁與檸檬汁，藉此引出藍紋起司特殊風味。而溏心蛋很少被用在沙拉料理中，但我認為冰涼甜鹹的溏心蛋非常適合與蘿蔓生菜搭配，尤其是弄破的蛋黃與沙拉結合真是美味啊！

③ 可以購買市售的溏心蛋，也可以自製。只要將雞蛋洗淨晾乾，再將雞蛋較大的一頭，用湯匙將殼氣室略微敲破。水滾後整顆蛋都要放入滾水（但蛋不能碰到鍋底）計時 4 ～ 4.5 分鐘，取出過冰的飲用水，剝殼放涼後，再放入醬汁中醃漬一夜即可。

難易度 ★
2人份

貴婦最愛的滋味
蜜汁杏鮑菇

美味關鍵
水蜜桃與巴沙米克醋是絕配的蜜汁

杏鮑菇有「素食界的鮑魚」之稱，它不僅久煮不爛、口感滑嫩，更是適合大火爆炒收汁，我選擇鮮艷的蜜汁醬搭配杏鮑菇，好吃得不得了。

材料

食材
洋蔥塊 1/4 顆、杏鮑菇 1 大根、罐頭水蜜桃 1/2 片

調味料
沙拉油 5 克、無鹽奶油 5 克、大蒜仁 3 顆、新鮮百里香 2 根、海鹽適量、黑胡椒粉適量、巴沙米克醋 5 毫升、白芝麻適量

做法

1. 洋蔥、杏鮑菇滾刀切塊、罐頭水蜜桃切塊備用。
2. 平底鍋中倒入少許沙拉油，再加入無鹽奶油，開中火，放入洋蔥塊與大蒜仁拌炒到香味明顯。轉大火，再加入百里香與杏鮑菇塊拌勻，拌勻後於鍋內靜止不動至少 40 秒，讓杏鮑菇的一面煎成焦黃色。
3. 將海鹽與黑胡椒粉撒在預備放的器皿中，再放入剛炒好的食材。
4. 鍋中殘餘的奶油繼續以小火加熱，放入巴沙米克醋、水蜜桃塊與少許海鹽，稍微炒一下即可淋在料理上。
5. 擦乾鍋子後熱鍋，將少許白芝麻隨煎一下，即可撒在料理上，完成美味料理。

料理小秘訣

① 除了杏鮑菇，也可以使用杏鮑菇頭來做。杏鮑菇頭較脆，價格也較划算。

② 步驟 2. 杏鮑菇在鍋子內靜止不動的目的是讓一面煎得略焦，再放入裝有黑胡椒粉的器皿中，即可品嘗到杏鮑菇一面是黑胡椒鹽風味的口感。

③ 這道「蜜汁」的來源，是罐頭水蜜桃與巴沙米克醋經過蒸煮後得到的美味，這樣的滋味比使用蜂蜜來得更順口、不甜膩。

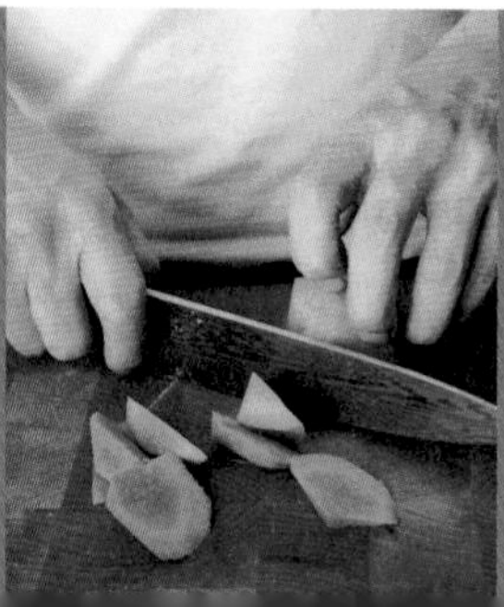

料理人行話

滾刀切
多用於切圓而脆的材料。一手滾動食材，一手持刀邊切，每切一刀就滾動食材一次。如此一來食材表面面積大，蒸煮時更能出味，也不容易碎散。

難易度 ★
2人份

讓味蕾驚艷的素菜

十全十美如意菜

美味關鍵
陳年黑醋靜置在空氣中 10 分鐘後再拌入

過年必做的「十香菜」，我覺得這道菜用黃豆芽比綠豆芽來得有口感，且原本的調味只有加黑醋與醬油等，但我卻多加了老乾媽，讓滋味更上層樓。

材料

食材

紅蘿蔔 1/3 根、木耳 1/2 片、五香豆乾 2 塊、芹菜 1 根、金針菇 1/2 株、鮮香菇 1 朵、黃豆芽 50 克、小黃瓜 1/3 根、香菜 3 株、榨菜絲 20 克

調味料

海鹽適量、橄欖油 10 毫升、黑醋 15 毫升、醬油 10 毫升、老乾媽 20 克、香油 5 毫升

做法

1. 所有食材洗淨後，紅蘿蔔削皮切絲，木耳、五香豆乾切絲、芹菜去葉切段、金針菇去根、鮮香菇去蒂切絲、黃豆芽去根備用，食材盡量切成粗細長短一樣備用。

2. 小黃瓜留皮切絲、香菜留葉去根、榨菜絲泡水 5 分鐘去除鹹味，瀝乾備用。

3. 煮熱一鍋水，加入海鹽與橄欖油，水滾後將步驟 1. 的食材汆燙約 20 秒，撈起瀝乾後置於大碗中待涼。待食材涼透，加入步驟 2. 的食材。

4. 取一小碗將黑醋、醬油、老乾媽、香油攪拌均勻後淋入步驟 3. 的大碗中，再次拌勻即完成美味料理。

料理小秘訣

① 這道菜在宴客時可以堆疊的方式，讓賓客自行攪拌會更有意思。

② 記住所有材料要在同樣的溫度下才能融合，但建議將醬料冷藏半小時更有層次。

③ 江西的陳年黑醋建議先常溫靜置 10 分鐘與空氣接觸醒一下，黑醋的釀造方式與紅酒是接近的。如果是使用鎮江醋則風味微甜，就會有酸甜的口感。

這個超推薦！ 「老乾媽」油製辣椒是大陸貴州傳統風味食品之一，是由陶華碧女士在 1984 年研發出的獨特萬用醬料，近幾十年來，由於在大陸價格便宜，同時又可以省略很多辛香料爆香的步驟，故某些內地的料理我會沿用此調味品。
而我個人研發的「就是醬」也是一款炒菜不用再放油、酒、蒜的多功能萬用醬，完全無添加防腐劑或是色素等，很推薦給大家！

難易度
★
1 人份

難 以 忘 懷 的 美 味

金 華 百 合

百合由於人工採集不易,故價錢高昂同等於豬肉價格,在中菜館裡大都是配料而非主料;所以設計這道在家也可以享受到的餐館大菜。

材料

食材
新鮮百合 100 克、金華火腿 10 克

調味料
雞油 10 毫升、白胡椒粉適量、紹興酒 5 毫升

做法

1. 新鮮百合去蒂後一片片洗淨、金華火腿切成碎丁備用。

2. 取一炒鍋,以中大火熱鍋後放入雞油潤鍋,放入金華火腿丁爆香 30 秒,續加入百合翻炒約 1 分鐘後熄火,蓋上鍋蓋燜 2 分鐘。

3. 起鍋前撒上白胡椒粉與紹興酒,即完成美味料理。

料 理 小 秘 訣

① 市場上雞肉販大都有冷凍雞油,如果沒有的話,向雞攤索取雞皮以中小火煨出油即可,這道菜使用雞油比較搭,它較為清香,和金華火腿是絕配。

② 百合是中藥也能做料理,有乾百合、鮮百合兩種,前者可熬 / 煲湯;後者可做成甜湯,或直接熱炒上桌。

美味關鍵

用餘溫來
成就豌豆仁

<table>
<tr><td>難易度
★
2 人份</td></tr>
</table>

無 人 能 敵 的 綠 寶 石

翡翠豌豆米

這道菜是一位台灣老總接任上海名館總
經理時,我們幾個小廚師去捧場時讚不絕
口的經典名菜。一盤不起眼的豌豆上來,
一勺入口後讓所有的小廚師驚艷不已!

材料

食材
豌豆米 200 克、金華火腿 2 克

調味料
雞油 10 毫升、無鹽奶油 5 克、海鹽適量、紹
興酒 5 毫升

做法

1. 豌豆米洗淨後瀝乾水分、金華火腿切成末
   備用。

2. 取一炒鍋,開大火熱鍋,放入雞油,待
   油冒泡時放入無鹽奶油與金華火腿後熄
   火,立刻放入豌豆米拌炒,再撒入海鹽、
   倒入紹興酒,蓋上鍋蓋燜 3 分鐘,即完美
   美味料理。

料理小秘訣

① 豌豆米是豌豆
   未長大時即剝
   殼採下的,沒
   有豌豆的青澀
   味反而清香。

② 以大火燒熱後
   的鍋內雞油餘溫來潤豌豆米,不僅能
   保有豌豆米食材的原味,還能有絕妙
   的好滋味。

難易度
★
2 人份

好　做　又　好　吃

油封雪白菇高麗菜

這幾年歐洲流行油封各式的蔬菜料理，讓我想到「油封高麗菜」這道客家名菜，恰好可以與西式常用菇類來結合。這道菜簡單好做，搭配鮮菇滋味更是迷人！

材料

食材
高麗菜 1/4 顆、雪白菇 50 克、蒜仁 5 顆

調味料
酷椰嶼 100% 有機冷壓初榨椰子油 10 毫升、海鹽適量、市售雞高湯 40 毫升

做法

1. 高麗菜洗淨，一片片剝開，以順時鐘方向堆疊在準備好蒸的大碗中。

2. 雪白菇洗淨，一根一根堆疊在步驟 1. 高麗菜的中心位置。

3. 蒜仁放在雪白菇上層，倒入椰子油、撒上海鹽，倒入雞高湯後，將大碗放入電鍋，外鍋放 180 毫升水，蒸煮直至跳起。倒扣在有深度的盤中，即完成美味料理。

料理小秘訣

① 出菜前撒上些櫻花蝦，更顯大器。

② 蒜仁在此不爆香是取其蒜肉的口感。

③ 如果不喜歡雪白菇，可以用蟹味菇、金針菇、鴻喜菇等取代。

④ 我特別使用獲得 USDA 美國有機及歐盟有機認證的「酷椰嶼 100% 有機冷壓初榨椰子油」來製作這道料理，它以有機椰子用冷壓方式製成，天然清香無怪味、涼拌熱炒皆適合。

長 達 一 年 吃 不 膩

酸辣馬鈴薯絲

早上五點半起來，吃著「酸辣馬鈴薯絲」，睡眼惺忪搭著前胸貼後背的上海地鐵，花一小時半從浦西到浦東去上班。這道菜有著我在大陸從小主管爬到總經理的所有回憶！

材料

食材
馬鈴薯 1 顆（約 250 克）、乾辣椒 1 克

調味料
冰塊水適量、沙拉油適量、白醋 8 毫升、海鹽適量、糖適量

做法

1. 馬鈴薯削皮後，先切片再切成絲，置於冰塊水中、乾辣椒切碎備用。

2. 取一炒鍋，開中大火熱鍋後，倒入沙拉油潤鍋，放入馬鈴薯絲爆炒約 2 分鐘。轉小火，再將白醋、海鹽、糖以及乾辣椒碎倒入，拌炒 30 秒後熄火，蓋上鍋蓋燜 2 分鐘即完成美味料理。

料 理 小 秘 訣

① 馬鈴薯絲因為極容易氧化變黑，得放在冰水裡，才可以永保白皙與硬梆梆；就連夏天的去皮發軟的白蘿蔔，削成絲後在餐廳也是如此處理。

② 此道為了美味，故選用白醋做調味；如果不介意顏色，可以再加點冬菜碎與黑醋，拌勻後風味更甚。

③ 馬鈴薯在大陸稱之為土豆，在很多餐館會以「酸辣土豆絲」來命名，千萬不要以為是用花生來做這道菜喲！

「鹿窯菇事有機乾冬菇」是在海拔 300 到 800 公尺的環境中，以無農藥健康栽培，讓香冬菇緩步成長。每一朵香冬菇，經漫長溫火烘焙，親手撥動翻面，直到完全乾燥，不僅延長保存時間，也將香冬菇的香味發揮得淋漓盡致，是我最愛用的香菇！

難易度
★
2人份

簡 單 就 很 美 味

香菇扣三絲

美味關鍵

乾香菇
要以雞湯發

這是起源於淮揚菜的上海本幫菜，上海人宴客時的前菜，除了展現繁複的備料以外，延續了上海本幫大戶人家以簡單樸實的料理來展現精緻底蘊。

材料

食材

嫩薑 5 克、蔥白 20 克、乾香菇 1 朵、紅蘿蔔 1/3 根、雞胸肉 100 克、金華火腿 20 克、豬里肌 60 克、茭白筍 1 根

調味料

市售雞高湯 100 毫升、米酒 10 毫升、鹽適量、糖適量、紹興酒一瓶蓋、沙拉油適量

做法

1. 嫩薑拍扁後切成末、蔥切段取 10 公分蔥白、香菇用市售雞湯泡發後，剪去根蒂、紅蘿蔔切絲燙熟備用。

2. 取一大碗，將雞胸肉放入，加入雞高湯、蔥白、嫩薑、米酒、鹽、糖拌勻後，放入電鍋蒸煮 20 分鐘，待涼後取出，將雞肉撕成細絲為第一絲。

3. 取一平盤，放入金華火腿，加入一瓶蓋紹興酒，放入電鍋中蒸 15 分鐘後取出待涼，先切成薄片再切成細絲。里肌豬肉逆紋切絲後，取一小鍋，加入適量的水，煮滾後加一點沙拉油與鹽，將豬肉絲放入汆燙至熟後，與金華火腿成為第二絲。

4. 取一小鍋，茭白筍帶殼放入，加入清水蓋過茭白筍，開中大火煮 10 分鐘後關火，待涼，先切成薄片，再切成細絲成為第三絲。

5. 取一空碗，將香菇正面朝下放入碗底，再依序將火腿絲、里肌肉絲、雞肉絲、茭白筍絲及紅蘿蔔絲沿碗壁交錯整齊地排放在香菇上。將多餘的火腿絲、雞肉絲、茭白筍絲混合後，把碗中間空的地方塞滿壓緊。加入少許市售雞湯，包上保鮮膜，放入電鍋蒸 10 分鐘，取出倒扣在盤中，即完成美味料理。

料 理 小 秘 訣

① 金華火腿、豬里肌同樣都是豬肉，卻因為製作方式的不同，而擁有不一樣風味，合在一起，讓料理出現不同層次的美味。

② 火腿絲、雞絲、茭白筍絲與紅蘿蔔絲盡量長短一致，粗細均勻，一來視覺美觀，二來食材容易入味。紅蘿蔔在此為添色，因此份量不需要太多，酌量即可。

③ 非茭白筍季節，也能以冬筍來製作；金黃火腿絲也可以只用豬里肌來替代。

④ 以市售雞湯來發香菇是為了快速入味。

難易度
★
1 人份

乾 貨 大 集 合

開 水 白 菜

美味關鍵

鹹鮮味來自
金華火腿與干貝

開水白菜是四川名菜,但製作過程繁瑣,要以濃而清如開水般的吊湯,拿來反覆燙熟白菜心而成。我想方設法,終於讓這樣的工夫大菜,在家裡也能簡單完成。

材 料

食材
娃娃菜 1 朵、金華火腿 3 克、大干貝 1 顆、嫩薑 5 克、蒜仁 1 顆

調味料
市售雞高湯 100 毫升、市售豚高湯 100 毫升、冰糖 適量、米酒 5 毫升

做 法

1. 娃娃菜拔去外葉只取菜心部分備用。

2. 將雞高湯與豚高湯放入預備的大碗中。

3. 將金華火腿切成薄片、干貝洗淨、嫩薑整塊不要切、蒜仁整顆,全部放入步驟 2. 的碗中。

4. 將娃娃菜放入,倒入米酒、冰糖,蓋上碗蓋,放進電鍋,外鍋放 200 毫升的水蒸至跳起即完成美味料理。

料 理 小 秘 訣

① 正宗開水白菜僅取白菜最嫩的菜心,我們可以改用常見的娃娃菜菜心來做。

② 嫩薑為了取鮮,不切是怕過於搶味。

③ 步驟 4. 蓋上碗蓋是怕鍋內蒸氣回流,影響金華火腿在湯裡蒸煮的風味。

料理人
行話

吊湯
是將具鮮美滋味的原料(通常是老母雞)放入鍋中,以長時間加熱讓原料中的蛋白質、脂肪等釋放出鮮味和營養物質,再用來烹調。

難易度
★
2人份

追劇、減肥最棒的一道菜

香料白蘑菇

美味關鍵

香料先爆香
再放蘑菇

某天深夜追劇，突然飢腸轆轆打開冰箱後只找到一包未開封的白蘑菇，臨時以隨手可得的中西香料做成這道美味！

材 料

食材

白蘑菇 10 朵

調味料

沙拉油 5 毫升、黃咖哩粉適量、乾巴西里適量、海鹽適量、乾辣椒碎適量、白葡萄酒 10 毫升、黑醋 5 毫升、魚露 3 毫升

做 法

1. 白蘑菇洗淨擦乾備用。

2. 取一炒鍋，倒入沙拉油，均勻潤鍋後開大火，依序放入咖哩粉、巴西里、海鹽後，再放入步驟 1. 的白蘑菇。將白蘑菇煎到微微焦黃時，翻動蘑菇，再撒上乾辣椒碎與白葡萄酒。

3. 起鍋前再加入黑醋與魚露即可熄火。

料 理 小 秘 訣

① 白蘑菇放入炒鍋後，先不要翻動，才能模仿出烤箱的炙燒風味。

② 乾辣椒碎因為不耐大火，故在此道料理是最後起鍋前放，有個味道即可。

③ 別名蘑菇的「洋菇」，是我很愛料理的食材之一。它含有蛋白質及膳食纖維等營養，有「植物肉」的美稱。選購洋菇時，最好選表面帶點泥土，不要太光滑明亮的，另外，用手指輕擦洋菇表面，或是切一下洋菇，如果一會兒呈現淡褐色，是正常的；反之若沒有變色，就可能有經過藥水漂白的疑慮。

子彈頭辣椒　燈籠辣椒

二荊條辣椒　小米辣椒乾段

料理人
行話

乾辣椒

辣椒是我很喜歡的食材，它能讓料理變得更美味。新鮮辣椒和乾辣椒各有不同的滋味，有些料理適合用新鮮辣椒，有些則適用乾辣椒。乾辣椒是用新鮮的辣椒曬乾而成，有日曝與烘乾兩種方式製成。市售的乾辣椒大致分為三種，未裁切的例如燈籠辣椒或子彈頭辣椒等；切成一段一段的如二荊條辣椒；最後一種就是皮與辣椒子混合的碎，通常在傳統雜貨店都有販售，如小米辣椒乾段。

難易度 ★
2 人份

跳 TONE 的 美 味

私廚茭白筍

茭白筍如何可以擺脫熱炒或是烘烤的形象？熱愛料理的我，不斷實驗後才有這道看似簡單，卻讓你終生難忘的私廚茭白筍。

材 料

食材
茭白筍 2 根、白蘆筍 1 根、市售剝皮辣椒 1/2 條、生薑絲適量

調味料
壺底醬油 5 毫升、紹興酒適量、市售雞高湯 30 毫升、海鹽適量、橄欖油適量

做 法

1. 茭白筍冷水下鍋煮熟後，撈起待涼去皮備用。

2. 密封袋放入壺底醬油、紹興酒、剝皮辣椒、市售雞高湯、生薑絲與步驟 1. 煮好的茭白筍整根，冷醃一個晚上。

3. 煮一鍋水加入海鹽與橄欖油，將白蘆筍稍微去老皮後整根燙熟，待涼放入冰箱冷藏 1 小時。

4. 將步驟 2. 與步驟 3. 的食材切片冰鎮，擺盤後即可食用，完成美味料理。

料 理 小 秘 訣

① 如果搭配伊比利生火腿片一起吃更添美味。

② 這道料理結合了白蘆筍與剝皮辣椒看似完全不搭的食材，沒想到卻蹦出教人吃驚的滋味！在炎炎夏日裡，建議你一定要做這料理。

難易度
★
2 人份

吮 指 的 滋 味

鹽烤茭白筍

只是將整根帶皮的茭白筍利用烤箱烘烤至熟，就能嘗到食物最鮮美的原味，搭配特製的調味鹽，更令人吮指回味！

材料

食材
帶皮茭白筍 4 根

調味料
海鹽 5 克、白胡椒粒 2 克、花椒粒 1 克、糖 5 克

做法

1. 取一炒鍋，開大火熱鍋，不用加油，直接將海鹽、白胡椒粒與花椒粒放入炒 30 秒即可熄火備用。

2. 將步驟 1. 放入研磨機（調理機）打碎後，加入糖，再打碎成調味鹽備用。

3. 將烤箱以 220℃ 預熱 10 分鐘，將帶皮茭白筍放入烘烤至表面微焦黃（約 20 分鐘）。烘烤完成後，稍不燙手時，即可扒開皮沾著調味鹽享用。

料 理 小 秘 訣

① 糖沒有先放入鍋中一同拌炒，是怕炒鍋過熱會導致糖融化。因此在打碎最後一個步驟才將糖放入。

② 茭白筍也可以用帶皮玉米筍替代。

③ 這個調味料還可以運用在煎煮炒炸上，但建議把花椒捨棄，以免產生苦味。

難易度
★
2 人份

醜　小　鴨　變　天　鵝

花式洋蔥馬鈴薯

除了肉以外，馬鈴薯是最愛的食材，它可以做出許多種料理，這道是我在美國小時候念書每天營養午餐的配料之一呢！

材料

食材
培根 1 條、洋蔥 1/4 顆、馬鈴薯 1 顆（約 300 克）

調味料
無鹽奶油 30 克、動物性鮮奶油 20 毫升、海鹽適量、黑胡椒粉適量、雙色起司絲適量、牛奶 10 毫升

工具
花嘴 SN7091、擠花袋小號

做 法

1. 培根切成指甲片大小，取一炒鍋，以中小火熱鍋後，不放油將培根放入煎至微焦、洋蔥切成小丁、馬鈴薯洗淨去皮後，滾刀切塊放入碗中，以電鍋蒸 20 分鐘後再以湯匙壓碎備用。

2. 無鹽奶油、動物性鮮奶油、海鹽、黑胡椒粉、雙色起司絲與培根丁、洋蔥丁放入大碗中拌一拌，將馬鈴薯泥放入，再蒸 10 分鐘後取出放涼。將牛奶倒入，攪拌均勻放入置有花嘴的擠花袋中。

3. 烤盤上鋪上烘焙紙，將薯泥擠成花狀，烤箱以 220℃預熱 10 分鐘後，將薯泥放入烤箱烘烤至表面呈金黃色即完成美味料理。

料 理 小 秘 訣

① 刻意烤成微焦是為了提升口感。

② 也可以放在焦糖布丁的器皿上，再鋪上一層起司絲入爐烘烤，更是銷魂。

我，只是個廚師。
與成千上萬的廚師沒有不一樣；
國內外有太多
比我有才華的主廚甚至素人，
他們都比我還要出色！
如果真要說有哪些不一樣的話，
就是常肚子餓、
偷嘗要出餐的料理常燙到手，
還有無敵沉迷
且狂熱於了解
任何料理的為什麼
和冷知識。

我，熱愛料理，
我，是廣宏一！

33

難易度
★
2人份

味　覺　視　覺　都　驚　艷

花 椰 菜 捧 花

我用西式的手法來表現整株花椰菜的美，卻用中餐來調味，這種中西合併的料理是我的最愛。

材料

食材
白花椰菜 1 株（約 500 克）、紅甜椒適量、開陽 5 克、S&B 生蒜泥 5 克、生薑末 2 克、冬菜 5 克

調味料
無鹽奶油 10 克、紹興酒 5 毫升、海鹽適量、市售雞高湯 150 毫升

做法

1. 白花椰菜整株洗淨，去除葉子，以削皮刀刮去根部的皮，放入準備好的大湯碗中。紅甜椒去蒂後剖開，以刀背刮去辣椒囊與籽，以刀背略拍使其平整切碎、開陽洗淨後，不發泡直接剁碎、冬菜切碎末備用。

2. 開陽、生薑末、紅甜椒、冬菜末與 S&B 生蒜泥均勻混合，撒在花椰菜上層表面。

3. 無鹽奶油切小塊，平均放在花椰菜表面後，倒入紹興酒、撒上海鹽，最後加入雞高湯後，放入電鍋中。

4. 電鍋外鍋放水 300 毫升，按下開關蒸煮到電鍋跳起，即完成美味料理。

料 理 小 秘 訣

① 這道菜煮軟之後以湯匙去挖最有滋有味，這也是調料食材皆放在頂部的原因。

② 冬菜是中華料理傳統醃漬調味品之一，是以大白菜、食鹽水、蒜來醃漬。我曾在東北吉林省待了一年，那兒就是以白菜來製作，而台灣有些是用高麗菜來醃漬，雖然光吃很死鹹，但一入湯，味道就很鮮美。

③ 綠花椰經過蒸煮會發黑不好看，不建議使用；至於坊間近幾年出現的紫花椰、黃金花椰等（羅馬花椰菜），也可以試試看！這些外觀有些不一樣的花椰菜既美麗，口感也很不錯。

這個超推薦！

使用 S&B 生蒜泥比一般蒜泥更容易入味，更不會為了用蒜泥而把手弄得臭臭的。只要有用到蒜泥的菜，我通常都很愛用這調味料。

難易度
★
1 人份

簡 單 的 烤 箱 菜

香 烤 皇 帝 豆

美味關鍵

用上火 250℃
烤出美味

皇帝豆帶莢鹽烤,簡單卻美味到極致!豆莢烘烤出鬆軟綿密的口感,透過指尖的椒鹽吮指留香。你也一定要試試!

材 料

食材
帶莢皇帝豆 200 克

調味料
橄欖油 25 毫升、義大利綜合香料適量、海鹽適量、糖適量

做 法

1. 烤箱以 200℃預熱 10 分鐘。
2. 帶莢皇帝豆洗淨後,置於鋪有烘焙紙的烤盤上。
3. 將義大利綜合香料、海鹽與糖均勻撒在步驟 2. 上,最後滴上橄欖油,放入烤箱直到皇帝豆表皮微烤焦(約烤 25 分鐘),即完成美味料理。

料 理 小 秘 訣

① 皇帝豆莢洗淨後不需要完全擦乾,這樣在烤時可透過豆莢與水氣形成「天然的蒸烤箱」,讓滋味更加美味!

② 入烤箱前滴上橄欖油,如此一來才會在烤箱裡產生炙燒痕跡,引人食慾。

③ 調味料撒在豆莢上雖然無法入味,但雙手剝莢時沾到的調味送入嘴裡是另一種滋味。

④ 海鹽與糖建議 1:1,這樣滋味會很鮮!

這個超推薦! 學名為「萊豆」的皇帝豆,因為豆粒大,居豆類之冠而得名。皇帝豆的蛋白質、鐵和鋅含量都很豐富,是素食者蛋白質和鐵質來源。產期在每年的 11～5 月,盛產於 1～3 月。新鮮的皇帝豆風味香甜,可涼拌、可燉、可煮湯或烘烤,是我很喜歡料理的食材之一。

難易度
★
2 人份

隔 夜 吃 更 夠 味

冰心菜脯蛋

我喜歡像玉子燒這樣口感的菜脯蛋，它
不僅不油膩，又適合冰冰涼涼的吃，尤
其隔夜後放在熱呼呼稀飯上更是一絕。
這款中日合併的菜脯蛋，絕對顛覆你的
想像。

材料

食材
菜脯 25 克、全蛋 2 顆、全脂鮮奶 20 毫升

調味料
米酒 10 毫升、沙拉油 10 毫升

做法

1. 市售菜脯洗淨後，浸泡於米酒與水（2：1）
   中 10 分鐘，去掉部分鹹味後，擠乾備用。

2. 取一炒鍋，開中小火熱鍋，加入 5 毫升的
   沙拉油，將擠乾的菜脯煎到微微金黃色，
   撈起備用。

3. 蛋打散，再加入牛奶打勻，過篩後放入 5
   毫升的沙拉油再攪打均勻。

4. 取一平底鍋，開小火，不放油，先倒一半
   蛋液，待漸漸成形一片就下菜脯，慢慢堆捲
   到鍋的另一邊；再倒下剩餘的蛋液漸成形
   後包覆住已經捲起的蛋，即完成美味料理。

料 理 小 秘 訣

① 加入牛奶是為了增加滑嫩的口感，我
   試過最佳比例是蛋液：牛奶為 3：1。

② 這道料理去掉菜脯的鹽味後，就從傳
   統下飯華麗變身為精緻前菜囉！

③ 市售的菜脯通常較死鹹，以米酒與水
   浸泡來提升菜脯的層次感，效果絕佳。

雨 後 限 定

天使的眼淚

這是某回到墾丁度假，在一家小館子裡，看到菜單上的「天使的眼淚」引起好奇，一上桌看到海藻加上半熟的炒蛋混在一塊沒啥特別，吃一口後卻驚訝地說不出話來！

材料

食材

新鮮雨來菇 50 克、雞蛋 1 顆、蔥花適量

調味料

沙拉油適量、海鹽適量、魚露 1 毫升

做 法

1. 新鮮雨來菇洗淨後瀝乾水分備用。

2. 雞蛋打散後以濾網去除繫帶，加入蔥花與鹽拌勻。

3. 取一炒鍋，開中大火，倒入沙拉油，待油熱後潤鍋 30 秒，轉小火，將蛋液倒入拌炒約 30 秒，即加入步驟 1. 雨來菇，立刻熄火再炒勻後燜蓋 1 分鐘，即完成美味料理。

料 理 小 秘 訣

① 每年 6 ～ 11 月連續降雨過後，在南部及花東地區無汙染的草地溝渠旁，會長出一團團橄欖色、像是黑木耳的東西，這是雨來菇。它其實是真菌與藻類的結合體，喜歡生長在陰暗、潮濕的地方。花蓮阿美族有段淒美的愛情傳說，因此稱之為一情人的眼淚；而恆春半島原住民因信仰的關係，稱它為一天使的眼淚。

② 雨來菇本身就很鮮甜，無須過度加熱，利用大火熱鍋後，以鍋內餘溫加熱是最佳方式之一。

③ 雨來菇也可以放在海鮮蛤蜊湯裡享用。

④ 雨來菇保存期限不長，購買回來後請儘速食用。

難易度 ★
2 人份

冰 與 火 的 熱 戀

麻婆冷雞蛋豆腐

美味關鍵
雞蛋豆腐得放
冷凍庫 10 分鐘
後拿出來

常見的麻婆豆腐都是又燙又辣又麻！我因為怕熱，所以一直在思索適合夏天下飯的美味，於是才有這道適合炎熱氣候的麻婆辣料理。

材料

食材

蒜仁 2 顆、乾蝦米 8 克、朝天椒 2 根、蔥 10 公分、沙拉油 5 毫升、豬絞肉 50 克、嫩薑末 5 克、雞蛋豆腐 1 盒

調味料

宮廷御用豆瓣醬 30 克、甜麵醬 15 克、黑醋 5 毫升、花椒粉適量

做法

1. 蒜仁與乾蝦米剁碎、蔥切成蔥花、朝天椒切末備用。

2. 取一炒鍋，倒入沙拉油，開中小火熱鍋熱油後，將鍋傾斜 15 度，讓熱油集中於一邊，將蒜仁、朝天椒及乾蝦米集中爆香。

3. 豬絞肉置於鍋的一邊，順勢乾煎將豬油逼出。豬絞肉在油逼出來後，即可平放鍋子，將鍋中的食材一同拌炒均勻，再加入嫩薑末炒勻。

4. 轉中大火，將宮廷御用豆瓣醬、甜麵醬下鍋一起拌炒均勻後熄火，滴上黑醋、撒上花椒粉及蔥花。

5. 將雞蛋豆腐置於冷凍庫 10 分鐘後取出，在盒內按照豆腐上的「井字」線先切好，倒扣在盤中，再將步驟 4. 的麻婆倒入冷雞蛋豆腐上方，即完成美味料理。

料 理 小 秘 訣

① 這道菜不油膩，就算隔夜一樣好吃。但是要注意，第一餐若沒有吃完，一定要讓料理回到室溫的溫度，才能置於冰箱中冷藏。

② 如果覺得不夠辣，還可以加上一些自製辣油（P.154），或者選用 S&B 的辣油也很對味。這款辣油，除了有辣度，還充滿濃郁芝麻香氣，不論是涼拌、沾醬、或是拌炒料理都非常適合，且特殊的按壓出口，使用上更加便利且不沾手喔！

這個超推薦！ 宮廷御用豆瓣醬是我與民生醬油廠的聯名款，採用台南麻豆區雜糧產銷班第一班契作台南五號黑豆釀造製成豆豉加上台灣生產的辣椒，完全遵循傳統古法純釀造製程，從黑豆及辣椒釀造製成黑豆瓣醬為時 6 個月，絕無添加防腐劑、無添加色素、無添加味精。

難易度
★
2人份

打 掉 重 練 的 美 味

清蒸臭豆腐

　　臭豆腐是全世界除了中國人以外最難理解的料理之一，但可以確定的是，這道臭豆腐的獨特做法，絕對是上得了廳堂的桌菜。

材 料

食材
臭豆腐 1 塊、蛋白 1 顆、小香菇 4 朵、蝦米 3 克、沙拉油 5 毫升、蒜末 2 克、薑末 2 克、豬細絞肉 40 克、辣椒末 1 克

調味料
醬油 5 毫升、糖適量、市售雞高湯 100 毫升、紹興酒 10 毫升、酸梅 1 顆

做 法

1. 臭豆腐洗淨擦乾，以湯匙壓碎成泥，加入蛋白液拌勻放入碗中備用。小香菇發好、蝦米切成小碎丁備用。

2. 炒鍋加入沙拉油，開中大火將蝦米、蒜末與薑末一起爆香，放入絞肉，轉中大火炒到乾，再加入醬油、辣椒末、糖拌勻。

3. 將雞高湯與紹興酒倒入步驟 **1.** 的臭豆腐，然後放入剛炒好的步驟 **2.** 豬肉末，擺上發好的香菇與酸梅，放入電鍋蒸 20 分鐘，即完成美味料理。

料 理 小 秘 訣

① 酸梅鹹甜味與清蒸臭豆腐出乎意料的搭配。

② 把肉末去掉，也不失美味。

美味關鍵

熱高湯與蛋
不斷攪拌，
是成功秘訣。

難易度
★
1 人份

Q 彈 水 嫩 肌

芙蓉蒸蛋

我是「蒸蛋控」，最愛將蒸蛋拌入白飯中的口感。這道滑嫩的美味蒸蛋，是我的最愛。

材料

食材
白蝦 1 隻、蛋 2 顆、市售雞高湯 170 毫升

調味料
海鹽 適量

做法

1. 蝦去頭、殼，保留蝦尾，除沙筋備用、蛋打入碗中，打勻後過篩、雞高湯放入鍋中煮開備用。

2. 將步驟 **1.** 的蛋液打勻，邊打邊將滾燙的雞高湯緩慢倒入。

3. 電鍋外鍋放 150 毫升水，按下電鍋開關，待蒸氣冒出後，將蒸蛋輕放電鍋內，電鍋蓋邊插一根筷子留縫蒸 8 分鐘。

4. 攤平蝦肉，在蝦內側劃幾刀避免蝦身捲曲，煎熟放在蒸蛋上，即完成美味料理。

料 理 小 秘 訣

① 如果不放蝦，改放香菇也有相同鮮美的味道。

② 步驟 **2.** 中，將滾燙的雞湯倒入蛋液中，要快速的攪拌，才不會變成蛋花。

美味關鍵

香料油是
美味的秘密武器

難易度
★
2 人份

沒 有 肉 味 也 好 吃

老 皮 嫩 肉

這道菜很多廚師都會做，但我的秘訣就是香料油。簡單又好吃，絕對讓你愛上它！

材料

食材

雞蛋豆腐 1 盒、蒜仁 20 顆、蔥白段帶鬚 6 公分、大辣椒末 1 克

調味料

沙拉油 600 毫升、胡椒鹽 1 克、蔥花 3 克

做法

1. 雞蛋豆腐隔著包裝直接以刀沿著邊緣往下，工整切四角，倒扣在準備好的平盤中，按照豆腐的線切塊，再濾掉豆腐水。

2. 取一炒鍋，開中大火熱鍋，倒入油後放入蔥段，直到蔥轉圈圈周遭冒小泡（約 150℃ 左右）。

3. 傾斜鍋子，放入大蒜仁，油炸至呈金黃色後撈起，成為香料油備用。

4. 以湯匙舀起一塊雞蛋豆腐，放入已達溫的步驟 3. 香料油中，放入之後就不要移動豆腐，直至呈金黃色即可用木頭筷子移動撈起。重複此動作直至所有豆腐都炸完擺盤，撒上蔥花即完成美味料理。

料 理 小 秘 訣

① 做老皮嫩肉通常都需要很多油，在家製作可以將鍋子傾斜，讓沙拉油集中，豆腐一塊塊分開炸來省油與減少耗損。

② 這是我處女作私廚時準備的料理之一！當初選定這道只是希望以平淡無奇的料理，來表現隱藏的驚喜，想了很久最後在油上面表現風味，沒想到多加上了香料油工序，為這道菜加了不少分。

料理人行話

油溫辨識

要掌握鍋內正確油溫，使用料理專用溫度計測量最好，但如果沒有溫度計，也可以用帶根鬚的蔥段來判斷油溫的大致溫度。

帶根鬚的蔥段放入油鍋，當油溫升高至 110℃ 左右，蔥段周圍便開始冒出小泡泡；油溫不斷升高，到達近 130℃ 左右時，蔥段便會開始像游泳般在油鍋裡遊走，此時蔥段內部的水分不斷蒸發，待溫度到達 150℃ 上下，蔥段內部水溫蒸發、重量便輕，便不斷在油鍋裡轉圈。

用 時 間 換 美 味

油 封 珠 貝

年輕時曾在日商工作，每回與日籍主管
在公司加班後，他都會約我去便利商店
喝幾瓶啤酒搭配日本油封珠貝罐頭。為
了保有這年輕的印記，於是設計出這道
下酒小菜。

材 料

食材
新鮮小珠貝 200 克、蒜仁 10 顆

調味料
沙拉油 150 毫升、海鹽適量

工具
容量 300 克寬口瓶 1 只

做 法

1. 將新鮮小珠貝洗淨擦乾後，以烤箱 120℃
   烘烤 60 分鐘直至乾燥，放入消毒後的寬
   口瓶內備用。

2. 沙拉油倒入鍋中，開中大火煮至油約
   150℃後，放入蒜仁炸至金黃色後撈起，
   即可熄火。

3. 立刻將油倒入裝有珠貝的瓶中至瓶子的
   八分滿，待降溫至瓶子以手觸摸不會燙手
   可以握起後，加入海鹽，等珠貝吸滿油後
   （約半小時），再加一點步驟 2. 剩下的
   油高過珠貝，即完成美味料理。

料 理 小 秘 訣

① 油溫判別方法，請見 P.45「老皮嫩肉」做
   法 2，待蔥段轉圈圈泡泡時就可以下蒜仁。

② 干貝也就是帶子，通常直接食用或是入湯，
   很難入味，但藉由高溫的蒜油溫滲入干貝
   中，讓干貝吃起來軟中帶 Q，充滿蒜香。

③ 若以乾貨干貝製作，則發軟後撕成絲，以少許油
   慢慢煎到乾，省去烤箱的流程。

④ 油封珠貝製作完其實就可以吃，但建議隔一個晚
   上食用更具風味。搭配啤酒直接當下酒菜或是與
   涼拌菜一起拌入，如蒜味小黃瓜也很美味。

美味關鍵

香菜讓香氣
更上層樓

難易度 ★
2 人份

香 菜 控 必 吃
香根蜆銀芽

父親嚴格的家教是要求在餐桌上若與長輩同桌，我們得半坐、手肘不得靠桌以示禮貌，但初嘗這道菜時我居然完全忘記這規矩，可見它有多美味！

材料

食材
蜆 60 克、綠豆芽 100 克、香菜 30 克、薑末 5 克

調味料
海鹽適量、糖適量、豆腐乳 5 克、破布子 5 克、紹興酒 15 毫升

做法

1. 取一小單柄鍋，放入水煮滾後，放入新鮮的蜆燙至開殼即可撈起來，取蜆肉備用。

2. 綠豆芽去頭尾、香菜去根與葉子後，切成與綠豆芽同長，均勻混合後放入準備好的碗中。

3. 蜆肉放入步驟 2. 的碗中間，加入生薑末、海鹽、糖，倒入豆腐乳、破布子與紹興酒，蓋上碟子避免水氣浸入，置於電鍋中。

4. 電鍋外鍋放 200 毫升水，蓋上鍋蓋蒸至跳起，即完成美味料理。

料 理 小 秘 訣

① 河蜆得採購市場新鮮貨，否則腥味很重。

② 以電鍋蒸是為了怕銀芽過爛，可在鍋蓋旁插入筷子，留個縫隙把蒸氣排出去一些。

③ 我曾試過芹菜、泰國打拋葉、台灣九層塔，發現還是香菜最對味，不喜歡香菜的人請跳過這道菜。

難易度
★
1 人份

海 陸 雙 鮮 的 美 味

蛤 蜊 鑲 肉

美味關鍵

使用
全瘦的絞肉

超市的絞肉有時沒用完很可惜,這時用剩餘的絞肉也可以做出一道單人版的高級桌菜。這就是一名廚師在設計餐單時「共料」應用的智慧。

材 料

食材
馬蹄蛤蜊或大紋蛤蜊 1 顆、豬絞肉 20 克

調味料
白胡椒粉適量、愛之味菜心 3 克、愛之味菜心湯汁 3 毫升、紹興酒 2 毫升

做 法

1. 愛之味菜心剁碎、蛤蜊置於小碗中以蒸的方式直至開殼(電鍋外鍋 150 毫升),開殼後將蛤蜊湯汁倒入另一個碗備用。

2. 絞肉放入蛤蜊湯汁的碗中攪勻,加入愛之味菜心與愛之味菜心湯汁、紹興酒,一同攪拌直到出筋有黏稠度。

3. 將步驟 2. 填到開殼的蛤蜊中後再回蒸,外鍋放 200 毫升水蒸到跳起即可。

料 理 小 秘 訣

① 絞肉有一定的縮水率,故填在蛤蜊時務必要填實填滿才好看。

② 全瘦的豬絞肉吸滿大海的滋味再加上蛤蜊 Q 彈的肉是最搭的。

 這個超推薦!

蛤蜊生活在鹹水,外觀表面光滑,呈現白黑灰褐混色,是很多人家裡常見的食材,它的尺寸可從約十元大小到拳頭那麼大,用來製作絲瓜蛤蜊、塔香蛤蜊、甚至是薑絲蛤蜊湯,都讓人回味無窮。這道菜我使用大紋蛤蜊或馬蹄蛤,它們的尺寸比一般常見蛤蜊大很多,若在市場上看到這款蛤蜊,一定要買回來做看看!

一般蛤蜊　　　大紋蛤蜊

美味關鍵

油爆
干貝絲

難易度
★
2 人份

讓 人 回 味 再 三

干 貝 銀 芽

銀芽其實就是將豆芽掐頭去尾，一般
是以綠豆芽來製作，但我選擇黃豆芽
製作，更能彰顯干貝絲的美味。

材 料

食材
黃豆芽 300 克、干貝 2 顆

調味料
紹興酒 10 毫升、沙拉油適量、海鹽適量、黑
胡椒粉適量、蔥花 10 克

做 法

1. 黃豆芽洗淨後掐頭去尾成為銀芽後備用；
   干貝以水和紹興酒發泡到可以撕成絲的狀
   態，擠到乾備用。

2. 取一炒鍋，開中小火，將鍋燒熱，放入
   些許沙拉油及干貝絲，炒到金黃色微酥狀
   態，加入步驟 1. 的銀芽，轉大火再略微拌
   炒約 30 秒即可熄火加入蔥花。

3. 撒上海鹽與黑胡椒粉，即完成美味料理。

料 理 小 秘 訣

① 干貝的發泡方式有很多，我通常將干
   貝洗淨後，以清雞湯淹過干貝，再加
   入一點紹興酒，放入電鍋以蒸的方式
   來處理。無論干貝大小，加一點酒，
   就能帶出大海的鮮滋味。

② 掐掉的黃豆芽頭可以稍微拌炒加入白
   醋與鹽，又是另外一道好吃的料理！

美味關鍵

讓小魚乾升級的
風味草果香油

難易度
★
2 人份

健康高鈣小零嘴

芝麻小魚乾

高鈣又富含營養的小魚乾,是我平時最愛的下酒菜。尤其利用了風味草果香油煸出來的小魚乾更是有滋有味,雖然麻煩了一點,還是很值得一試!

材料

食材
丁香小魚乾 50 克、白芝麻 5 克

調味料
風味草果香油 15 毫升、鹽適量、糖適量

做法

1. 預熱烤箱至 200℃備用,並依 P.153 製作「風味草果香油」備用。

2. 丁香小魚乾洗淨後擦乾、白芝麻先以鹽炒過備用。

3. 取一炒鍋,開小火,加入風味草果香油,待油熱之後,將丁香小魚乾放入炒至微乾。最後放入炒過鹽的白芝麻和糖稍微拌炒即可熄火,完成美味料理。

料 理 小 秘 訣

① 白芝麻不耐炒卻是絕對流口水的主要食材,加點鹽一起炒,能讓白芝麻更香。

② 糖雖然容易黏鍋且不易炒勻,但想要小魚乾有層次的鹹味口感,加糖是必要的,如果加入辣椒籽則更下酒。

難易度
★
2 人份

居 酒 屋 下 酒 菜

百花釀油條

台式居酒屋裡的名菜。不過這道菜不便宜，現在在家裡就可以做出來，隨便你愛吃多少！

材料

食材
一般油條 1 根、去皮荸薺 1 顆、蝦仁 15 克、蛋黃 1 顆、豬細絞肉 40 克、韭黃 3 根

調味料
沙拉油 600 毫升、蒜粒 2 顆、白胡椒粉適量、市售 XO 醬適量

做法

1. 油條切成食指般長度，縱剖至 1/2 深度、荸薺切碎、蝦仁一半切丁一半切泥備用。

2. 蛋黃放入大碗中，打散後，加入剁成泥的蝦仁與豬絞肉混合均勻，捏成丸子狀，用左右手來回拍打到出筋。再將荸薺與蝦仁丁一起填入油條裡填滿至微微鼓起。

3. 取一深炒鍋，開中大火熱鍋，倒入沙拉油熱油到約 120℃後，放入步驟 2. 的油條炸至咖啡色（約 1 分鐘）即可撈起備用。

4. 蒜切碎、韭黃切小段，另起一炒鍋，開中小火放入少許沙拉油，爆香蒜 30 秒再放入步驟 3. 的油條，略炒後熄火，放入韭黃，再撒上白胡椒粉與 XO 醬拌炒均勻，即完成美味料理。

料 理 小 秘 訣

老油條是二次炸過的油條，而百花釀油條的油條就是要有老油條的口感。因為會二次油炸，所以先使用一般油條來做，這樣起鍋時就成為老油條了。

美味關鍵

絞肉
要塞滿塞緊

難易度
★

1 人份

綻 放 食 材 的 美 麗

香菇青江菜

青江菜用清燙或蒜炒就很美味，其實接近根部，平常會捨棄的白色部位，也可以成為美麗的桌菜。

材料

食材
青江菜 1 朵、蒜 1 克、蝦米 1 克、鮮香菇 1 朵、豬細絞肉 40 克、蔥花適量

調味料
沙拉油適量、醬油適量、紹興酒適量

做法

1. 青江菜洗淨後，取根部以上約 5 公分備用，將莖邊緣修成三角形狀；其餘葉菜另作食用。蒜切碎、蝦米剁碎、鮮香菇去蒂切小末備用。

外緣的邊修整前後比較

2. 取一炒鍋，以中小火熱鍋，倒入沙拉油，放入蒜末爆香，再加入蝦米碎稍微拌炒後，倒入豬絞肉拌炒至熟。將鮮香菇加入，拌炒至熟後熄火，加入醬油、紹興酒與蔥花。

3. 絞肉以筷子塞入步驟 1. 的青江菜花莖與莖的間隙內，填滿至稍微鼓起。電鍋外鍋放半杯水，按下開關，5 分鐘後即可以放入，蒸 2 分鐘即完成美味料理。

料 理 小 秘 訣

牛、豬絞肉有一定的縮水率，故填肉的時候要填滿一些。

難易度
★
2 人份

紅　白　戀　曲

雞 肉 拌 蝦 仁

美味關鍵

用蛋白維持
雞肉軟嫩就對了

Part 1

好吃不膩的下飯菜

很多人對雞絞肉陌生，也甚少拿來料理，一定有讀者不知去哪裡買？其實只要跟雞販說你要絞肉，通常雞販都會請附近相熟的豬肉販幫忙絞，一點都不麻煩的！

材料

食材
雞腿絞肉 80 克、
大蝦仁 8 尾

調味料
蛋白 10 毫升、海
鹽適量、高粱酒 5
毫升

做法

1. 雞腿肉去皮去骨，請肉販絞成粗絞肉，放入大碗中，加入蛋白以手略微抓醃，撒上海鹽靜置 10 分鐘，再略微擠壓，將雞肉裡多餘蛋液去除備用、蝦仁肉切成與雞絞肉同樣大小備用。

2. 取一炒鍋，開大火，鍋熱後放上少許沙拉油，將雞絞肉放入，炒至白色粒粒分明。將鍋中的雞絞肉置於一旁，再加入蝦仁粒，盡量在鍋的另一邊分開炒至蝦仁粒熟透後，再將兩者略微混合拌炒。

3. 起鍋前加入高粱酒，即完成美味料理。

料 理 小 秘 訣

① 蝦仁不加鹽是為了與有鹹度的雞肉在口中咀嚼時有層次出現。

② 蝦仁粒置於鍋邊分開炒的原因，是不希望爐火過度烹調。

③ 如果家中沒有高粱酒，也可以用紹興酒替代。

④ 雞絞肉用煎的方式顏色會微黃，也可以細目濾網（漏勺）汆燙的方式來處理會更顯白皙。以這種方式處理汆燙時，雞絞肉雖然白白濁濁的，但並不影響，因為還需經過中大火炒過，滋味一樣美妙。

⑤ 這道菜如果最後再加上食用白色茉莉花，就是一道好吃又療癒的宴客菜。

抓醃
絞肉加入蛋白（或調味料），以手略微抓勻的動作稱之為「抓醃」，是中式料理常見的手法。

料理人
行話

難易度
★
2 人份

單 純 極 致 的 美 味

甜豆仁雞肉米

身為碗豆愛好者，有一種長得像 Baby 碗豆但更小的甜豆仁口感更脆，所以設計了這道加上雞絞肉且上得了檯面的前菜。

材料

食材
雞胸絞肉 50 克、甜豆仁 150 克

調味料
海鹽適量、糖適量、白胡椒粉適量、韓國麻油 10 克

做法

1. 取一湯鍋，加水後以大火燒開，水滾後將雞胸絞肉放入細目濾網中汆燙至熟備用（約 1 分鐘）。將海鹽、糖、白胡椒粉拌勻，再撒入燙熟的雞胸絞肉中攪勻。

2. 取一炒鍋，開中大火熱鍋約 30 秒，倒入韓國麻油潤鍋後，熄火放入甜豆仁，蓋上鍋蓋燜 1 分鐘。

3. 先將甜豆仁放在盤中，再將燙熟的雞絞肉置於其上，即完成美味料理。

料 理 小 秘 訣

① 我喜歡不倒翁純芝麻油，非常的清香，很值得推薦。

② 如果在步驟 3. 最後加上 150 毫升的雞高湯，再以食物調理機打成泥，會連不喜歡碗豆的人也喜歡上。可以拿來單吃，或者夾麵包都很棒！

③ 潤鍋是指開火空燒鍋子，倒入油將油繞轉鍋子一圈，讓整個鍋子都吃到油，再將油倒出就完成潤鍋。

歐陸鹽封烤魚

美味關鍵

海鹽與蛋白的完美結合

難易度
★
4 人份

這道菜名看起來很複雜，但實際上卻是道簡單到不行的大菜，我嘗試用各式罐頭水果來提升魚腹內的鮮甜卻不搶鮮味，發現罐頭的杏桃就能為料理加分不少

材料

食材
七星鱸魚 1 條（約 700 克）、嫩薑絲 20 克、乾燥百里香 1 株、迷迭香 1 株、罐頭水蜜桃 1 顆

調味料
粗鹽 700 克、蛋白 2 顆

做法

1. 烤箱先預熱至 180℃、鱸魚清洗後確認內臟與魚鰓去除乾淨，將嫩薑絲與百里香、迷迭香與杏桃塞進魚腹內。粗鹽與蛋白攪拌均勻備用。

2. 烤盤先鋪一層粗鹽與蛋白混合的材料，分量是整條魚的一面。放上鱸魚，將粗鹽與蛋白剩餘的材料覆蓋住整條魚。

3. 確認烤箱已達預熱溫度，入爐烘烤 25 分鐘，此時表面呈金黃色即完成美味料理。

料 理 小 秘 訣

① 鱸魚帶鱗不帶鱗都可以，會有不同風味，適合清蒸的魚，都可以用鹽封的方式料理。

② 粗鹽與蛋白的鹽封烤是歐陸常見的料理，原理與大中華的傳統名菜「叫化雞」的泥巴材料有異曲同工之妙，都是以低溫烹調凸顯料理的一種方式。低溫料理可以保留食材本身的原汁原味，甚至使肉質更加軟嫩。

難易度
★
2人份

舌 尖 上 的 高 潮

重 慶 水 煮 魚

美味關鍵

選用漢源大紅袍
最對味

重慶水煮魚屬於大鍋的盆菜，很少在上海看過單人版分量的重慶水煮魚。回台開店後，一直想研究如何利用隨手可得的食材，製作出簡化卻又不失風味的單人版水煮魚。

材料

食材

巴沙魚 300 克、蔥 3 根、凍豆腐 6 塊、蒜仁 8 顆、市售雞高湯 600 毫升、銀芽 200 克

調味料

豆瓣醬 30 克、紹興酒 50 毫升、老乾媽 110 克、大紅袍花椒 20 克、沙拉油 15 毫升、乾辣椒 50 克

做法

1. 巴沙魚解凍後順紋切成長條狀、蔥洗淨切成蔥花、凍豆腐泡水 10 分鐘後取出擠壓水分備用。

2. 準備一只吃飯的碗，裝水五分滿，再加入 20 克豆瓣醬與紹興酒，放入凍豆腐泡 10 分鐘。

3. 取一炒鍋，開小火，倒入沙拉油，待油熱後先爆香蒜仁至呈金黃色，隨即下 10 克豆瓣醬與老乾媽略微拌炒，再轉為中火，下大紅袍花椒約炒 15 秒左右，放入高湯後轉成大火，將凍豆腐放入，待水滾後下巴沙魚片及乾辣椒，待水再次滾起就熄火，下蔥花。

4. 將銀芽鋪在器皿上，倒入水煮魚，即完成美味料理。

料 理 小 秘 訣

① 無刺已處理好的巴沙魚是我比較常用的，其實只要是新鮮、肉質緊密的魚，如草魚、花鰱、黑魚、鯰魚等皆可以使用。魚去刺成為魚片後，依不同魚種、不同厚度的魚片進行汆燙。超市冷凍的魚在處理時，除了生食級的生魚片以外，建議烹煮時一定要熟透。

② 凍豆腐是容易入味的食材，但能夠讓它有自己獨特的味道，是這道菜的巧思。

③ 豆瓣醬是需要熱油炒過才會爆發香氣的調味料。

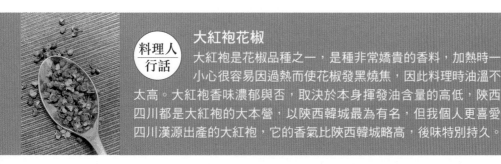

料理人
行話

大紅袍花椒

大紅袍是花椒品種之一，是種非常嬌貴的香料，加熱時一不小心很容易因過熱而使花椒發黑燒焦，因此料理時油溫不能太高。大紅袍香味濃郁與否，取決於本身揮發油含量的高低，陝西與四川都是大紅袍的大本營，以陝西韓城最為有名，但我個人更喜愛由四川漢源出產的大紅袍，它的香氣比陝西韓城略高，後味特別持久。

百 變 魚 料 理

Q 彈 魚 腐

美味關鍵

過油
讓口感升級

魚腐是來自廣東的一道傳統美食,是使用淡水魚肉的料理,口感嫩滑像豆腐而得名,它可以做多樣的變化,如魚丸、魚豆腐等,這是中華料理深奧與變化的樂趣所在。

材 料

食材
台灣鯛魚肉 200 克、蛋白 2 顆(約 50 克)、片栗粉 10 克

調味料
鹽 2 克、糖 1 克

做 法

1. 將魚肉再次確認無刺後,切塊加入蛋白、片栗粉、鹽、糖,以調理機(或手持調理棒)攪打到出筋成黏糊狀,以虎口擠出乒乓球般的大小備用。

2. 熱鍋中大火到油溫 100℃左右,將魚丸丟下油鍋炸,到泡泡漸漸冒完,魚丸浮起轉中小火,炸到金黃色即可撈起。

料 理 小 秘 訣

① 片栗粉是日本太白粉(馬鈴薯粉)。

② 做好的魚腐可以用書中介紹的重慶水煮魚(P.59)湯底來搭配。

③ 傳統的魚腐做法會加入豬油,如此的做法可省略片栗粉,口感較 Q。因為個人不愛豬油,因此以片栗粉取代,口感較軟綿。

料理人
行話

魚腐

久煮不碎、不散的魚腐,是廣東、香港和澳門地區很常見的食品之一,已被列為廣東省羅定市「非物質文化遺產」保護名錄。

魚腐是將魚肉、片栗粉及蛋白等攪拌至出筋成黏糊狀,擠成小球大小入鍋炸成中空狀,入口的口感猶如豆腐般滑嫩而得名。魚腐是粵菜中的重要食材之一,它可煨、可煮湯,運用很廣泛。而且別看這小小顆魚腐,要做成表面光滑、久煮不碎,可得有些工夫。

難易度 ★★ 4人份

發 酵 辣 椒 是 經 典

剁 椒 魚 頭

美味關鍵

發酵辣椒

餐廳裡剁椒魚頭是我的心頭好,但它的辣度對我來說太過。因此設計出這道入口有著暖暖舒服辣的口感。雖然這道很磨耐心,但絕對是讓賓客驚嘆的佳餚。

材 料

食材
鰱魚頭 1 公斤左右

調味料
高粱酒 30 克、鹽適量、糖適量、白胡椒粉 1 克、生薑末 20 克、沙拉油 5 毫升、大紅袍花椒 1 克、水果剁椒 100 克、蔥花 20 克

做 法

1. 鰱魚頭洗淨擦乾,對剖備用。高粱酒、鹽、糖、白胡椒粉、生薑末混合均勻後,抹在魚頭上放冰箱冷醃兩小時。

2. 取一蒸鍋,加水開大火,待水滾冒出蒸汽後,將醃好的魚頭放入,蓋上鍋蓋以大火蒸 20 分鐘後熄火,再燜 5 分鐘取出,瀝乾魚湯後再擺盤。

3. 取一炒鍋,開大火熱鍋,加入一點沙拉油,放入大紅袍花椒爆香 10 秒鐘後淋在魚頭上,再拌上自製的水果剁椒 (見 P.155) 鋪在魚頭上,撒上蔥花即完成美味料理。

料 理 小 秘 訣

① 一定要把第一次蒸的魚湯倒掉,否則腥味會稀釋剁椒的味道。

② 除了魚頭,剁椒也可以運用在牛肉、豆腐、蒜泥白肉、雞肉,甚至來蒸排骨也很好吃!

 料理人行話

冷醃
是將食材與調味料混合均勻後,放入冰箱冷藏醃製入味的做法。至於冷醃時間的長短,視食材及醃醬的稠度而定。以一般的醃肉來說,從 1 小時到隔夜都有。想要提升風味,不妨在醃醬加點酒,通常冷藏醃漬 1~2 小時即可入味,不僅能提高生肉的保汁性,還能使肉的質感更嫩。

嘴 臭 都 要 吃

蒼 蠅 頭

美味關鍵

熄火
才燜韭菜花

蒼蠅頭的做法大同小異，甚至有些作法加入皮蛋丁或是牛絞肉。要做得驚艷很簡單，只需記得食材各自的屬性放下的順序，即可美味有層次。

材 料

食材

乾蝦米 15 克、豬絞肉（粗）150 克、韭菜花 70 克

調味料

沙拉油適量、蒜末 5 克、 乾豆豉 15 克、辣椒圈 3 克、紹興酒 10 毫升

做 法

1. 取一炒鍋，以中小火熱鍋後，加入沙拉油，先將蒜末、乾豆豉及乾蝦米炒至香氣出現，再放辣椒圈，置於炒鍋一邊備用。

2. 在鍋中另一邊放入絞肉爆香直到變成金黃色。

3. 待絞肉拌炒至呈金黃色後，再與步驟 1. 的配料拌炒均勻，熄火，放入韭菜花與紹興酒，蓋上鍋蓋等候 30 秒，即完成美味料理。

料 理 小 秘 訣

① 用燜的方式既可以讓韭菜花熟成，也能保持翠綠的色澤。

② 蒼蠅頭這道料理容易黏鍋，因為用的油少，但卻得經過爆炒、拌、燜等過程，因此建議選擇耐用的不沾鍋較好。

料理人
行話

韭菜、韭菜花、韭黃

韭菜又叫青韭，是很常見的蔬菜之一，以吃莖葉部分為主，拿來炒雞蛋、炒豆乾、做餃子餡、韭菜盒子等，都十分可口。韭菜一年四季皆盛產，但春香夏嗆秋苦冬甜，所以老一輩的人總說，要吃「二月韭」。至於韭菜花則是韭菜的花苔，最佳食用時機是含苞待放時，一折就斷表示品質鮮嫩，口感清脆，簡單炒就很美味。另外市場還可以看到的韭黃，則是沒有曬到太陽的韭菜，多半是青韭韭初次採收後，覆上遮光布無法行光合作用，讓韭菜再次抽長而使葉子成為金黃色。韭黃口感軟嫩，味道鮮甜，食用方式與青韭大同小異。

難易度
★★

4 人份

特 級 版 滷 肉

三 杯 滷 肉

美味關鍵

辣豆腐乳
是這道菜的靈魂

這道菜製作過程看起來複雜，但成品出來之後絕對不會讓你失望。一入口就能吃出層次的美味！尤其冷凍後回到冷藏解凍，涼涼地放入熱騰騰的白米飯或乾麵，好吃到說不出話來！

材 料

食材

老薑 120 克、蔥帶鬚 2 根、乾香菇 3 朵、豬皮 200 克、帶皮五花肉 150 克、市售豬骨濃湯 300 毫升、水 300 毫升

調味料

沙拉油 20 克、白胡椒粒 40 克、小茴香 30 克、甘草 20 克、乾橘皮 30 克、冰糖 50 克、麻油 100 毫升、醬油 100 毫升、米酒 100 毫升、紹興酒 100 毫升、麥芽糖 30 克、辣豆腐乳 15 克

做 法

1. 薑去皮不切段、蔥保留根部，洗淨切段、乾香菇發泡完成切丁、豬皮切成小指甲片大小的丁、帶皮豬五花肉切成大拇指甲片丁備用；市售豬骨濃湯與水 1：1 放入大鍋中，以中大火加熱到滾備用。

2. 另煮一鍋水，冷水時就放入切丁的豬皮，汆燙後撈起備用。

3. 取一炒鍋，倒入沙拉油後，開中小火，依序爆香老薑至淺黃色，再加入蔥段，直至辛香料變色香氣出來，再加入帶皮五花肉丁，待大量出油後，加入汆燙好的豬皮丁、乾香菇丁，待辛香料、香菇等充分吸收豬油風味後，將炒鍋內的炒料放入步驟 1. 的熱高湯裡。

4. 用殘餘的油爆香白胡椒粒、小茴香、甘草、乾橘皮後，連同冰糖一起放入料包中，再放入步驟 1. 的大湯鍋裡。

5. 倒入醬油、米酒與和麻油，就是傳統的三杯，最後放入一點紹興酒與辣豆腐乳和麥芽糖，轉小火燉熬 2～2.5 小時即完成美味料理。

料 理 小 秘 訣

① 傳統的三杯是指醬油、米酒和麻油，但是以大火爆炒收汁；此道三杯滷肉飯是創新菜，是以煨的方式入味的，故紹興酒額外成為第四杯是為了增加不同的酒香以供煨煮。尤其再加上辣豆腐乳和麥芽糖，更將這道料理提升到更完美的層次。相較於一般的三杯料理，這三杯滷肉的層次感十足，香氣更是醇厚，非常值得大家試試。

② 收汁的濃稠度其實是個人喜好也影響燉煮時間，我建議如果全程大火一個小時的話，也是另一種風味。

③ 這道菜最獨特的味道來自於「辣豆腐乳」，是我反覆試驗多次配方得出的美味，千萬不要漏放！

瓜 子 肉 成 為 大 器 桌 菜

茶 杯 瓜 子 肉

美味關鍵

愛之味菜心
是秘密武器

我最喜歡的台灣小吃是瓜子肉，總想如何把這道小吃變成桌菜？
幾經嘗試終於讓我做出滿意的瓜子肉，而裝在老人茶的小杯內蒸
熟後倒扣出來盛盤，就是一道完美的桌菜料理。

材料

食材
梅花瘦絞肉 100
克、愛之味菜心
1/3 罐、蒜末 2 克、
生薑末 1 克、紅蘿
蔔末 5 克、白蝦仁
3 尾

調味料
愛之味湯汁 30 毫
升、薄鹽醬油 5 毫
升、紹興酒 10 毫升

工具
喝老人茶的小杯子

做法

1. 愛之味菜心剁碎、蒜頭拍扁切成碎末、薑切成末備用；
   紅蘿蔔切成末、蝦仁去腸剁成泥，兩者混合備用。

2. 將梅花瘦絞肉放入大碗內，拌入步驟 1.（紅蘿蔔、蝦
   仁泥除外）材料，略微攪拌一下避免出筋。加入愛之味
   菜心罐頭的醬汁、薄鹽醬油和紹興酒，混合均勻。

3. 將蝦仁、紅蘿蔔泥填入茶杯最底層，以湯匙順時針壓
   實，再放入步驟 2. 的瓜子肉，沿著順時鐘方向再以湯
   匙壓實，蓋上杯蓋備用。

4. 電鍋放入半杯水，壓下開關，待冒出水蒸汽時，即可
   放入步驟 3. 的瓜子肉。

5. 約 10 分鐘就可以開鍋取出，倒扣於茶杯盤上，即完成
   美味料理。

料 理 小 秘 訣

① 改變傳統以花瓜做瓜子肉的做法，改為愛之味菜心，
   口感更加清爽。

② 蝦泥加上紅蘿蔔末，不僅色澤美麗，口感更升級。

③ 因為放入茶杯的材料並不多，所以不用等電鍋跳起，
   即可取出。不過此時電鍋仍冒著蒸汽，且茶杯也很
   燙，取出時請小心，以免燙傷。此道為改良桌菜，
   所以鹹淡自由控制，個人建議不放醬油的話可直接
   享用。

④ 家中若沒有喝茶的小杯，也可
   以用其他耐熱的杯子來填裝，
   例如不鏽鋼布丁杯，做出屬於
   你自己的「茶杯瓜子肉」，但
   不建議改成太大的杯子，那樣
   就沒有視覺效果了！

圖片提供 /Cuite Wang

只 有 一 聲 嘆 息 的 美

彩虹剁椒洋蔥碗

美味關鍵

絞肉取代肉絲，更快料理。

剁椒牛肉是我在上海的炎炎夏季時，最愛做的菜之一。將牛肉絲改成入味較快的牛絞肉，在家就可隨時出餐。而之所以拿洋蔥當碗，是我在錄影料理影片時，忘記帶碗！

材料

食材
糯米椒 1 根、黃甜椒 1/4 顆、大辣椒 1/2 根、蒜 3 顆、牛粗絞肉 100 克、五香豆乾 1 片、西芹菜 1/2 株、老油條 1/2 根、洋蔥 1 層

調味料
沙拉油適量、醬油 5 毫升、紹興酒 2 毫升、花椒粉適量、孜然粉適量

做法

1. 糯米椒切小段 、黃甜椒切丁、大辣椒切小段、蒜不拍直接切碎備用。

2. 五香豆乾切小丁、芹菜切末、老油條壓碎備用。

3. 取一炒鍋，開中大火熱鍋後，加入沙拉油，將步驟 1. 的食材稍微拌炒，加入牛粗絞肉略炒後，再加入醬油、紹興酒炒匀。待絞肉炒熟後即熄火，撒入花椒粉與孜然粉拌匀，再加入步驟 2. 的材料拌匀。

4. 將洋蔥扳開一層對切成一個碗狀，放入炒好的剁椒牛肉，即完成美味料理。

料 理 小 秘 訣

① 取一大碗，放入適量冰塊及水，加入一點味霖，將洋蔥放入浸泡 10 分鐘，去掉洋蔥的辛辣味。而建議選用洋蔥的第二層當碗比較爽口。

② 牛絞肉體積小受熱面積大，不適合過度烹調，利用大火鍋內的餘溫來料理即可。

料理人行話

蒜的用法
不同的料理，需要使用不同切法的蒜。

直接切碎：適合大火炒菜、入絞肉蒸或煨煮。

整粒拍扁：快煮入湯，於湯中容易釋出蒜味卻又不會碎在湯裡面。

先拍扁再切成蒜蓉：用於沾醬。

切成蒜片：可過油炸或生吃。

整粒：熬湯或香料油使用。

美味關鍵
薑末
有加分的
提鮮作用

兒　時　的　家　鄉　記　憶

紅蘿蔔馬鈴薯肉絲

小時候曾在美國波士頓住過一段日子，母親很常做的一道料理。其實我也不知道這道菜應該取什麼名，只知道它就算隔夜也是美味絕倫，更有著濃濃的媽媽味及小時候的外鄉遊記。

材 料

食材
馬鈴薯 1/2 顆、紅蘿蔔 1/2 根、豬里肌肉絲 80 克、蒜仁 5 克、生薑末 1 克

調味料
太白粉 1 克、海鹽適量、糖適量、沙拉油適量、市售雞高湯 20 毫升、頂級皇旗醬油 2 毫升

做 法

1. 馬鈴薯與紅蘿蔔去皮洗淨後，先切片再切成像是火柴棒的粗細長度，浸泡在有冰塊的水中備用、蒜仁與生薑一起剁碎成末備用。

2. 豬里肌肉絲洗淨後，加入太白粉、些許的海鹽和糖，常溫靜置 10 分鐘。

3. 取一炒鍋，開中大火熱鍋，倒入沙拉油潤鍋，先放入蒜仁、生薑末爆香約 10 秒後，再放入步驟 2. 的肉絲煸到呈金黃色後，續放入馬鈴薯與紅蘿蔔爆炒約 1 分鐘，倒入雞高湯，轉成中小火，蓋上鍋蓋燜約 1 分鐘。

4. 掀蓋撒入些許海鹽與糖後，轉中大火倒入頂級皇旗醬油拌炒後起鍋，即完成美味料理。

料 理 小 秘 訣

① 後來我稍微調整廣媽的做法，加入了薑末提鮮、太白粉潤里肌肉絲。大家也可以嘗試會更加美味。如果使用了帶皮五花肉絲更有嚼勁，但烹調時間建議再延長 1 倍。

② 帶皮五花肉要切成絲除了要先切成片以外，由於帶皮容易滑刀，建議刀尖先往前傾抵住砧板，再順勢往下滑刀以鋸刀法切，比較順暢也漂亮。

這個超推薦！ 這麼平凡的一道菜，我加了與民生醬油廠的聯名款醬油—頂級皇旗醬油，為這道菜再添加不平凡的美味。這款醬油採用台南麻豆區雜糧產銷班第一班契作台南五號黑豆，遵循傳統古法手工純釀造製程，真心推薦！

難易度
★★
2 人份

酸　香　下　飯

酸 湯 肥 牛

美味關鍵
只能用
黃燈籠辣椒醬
才對味

這道既是湯也是菜，而且絕對美味下飯！肥肉片得上桌前就過水燙好，微甜帶酸的黃燈籠辣椒醬再加上吸滿湯汁的金針菇，在室溫 38℃的天氣，讓人欲罷不能！

材 料

食材

金針菇 1/2 把、酸豆 50 克、黃豆芽 50 克、冬粉絲 1 球、凍百頁豆腐 6 塊、糯米椒 3 根、芹菜 1 根、香菜 2 株、蒜仁 5 顆、紅甜椒 1/4 顆、薑末適量、大蛤蜊 5 顆、肥牛火鍋片 200 克

調味料

鹽適量、糖 10 克、熟 水 600 毫 升、魚露適量、壽司醋 50 毫升、沙拉油適量、黃燈籠辣椒醬 80 克、花雕酒適量

做 法

1. 金針菇去老根、酸豆切丁、黃豆芽去頭尾成為銀芽，泡冷水備用。冬粉絲與凍百頁豆腐泡水後，擠乾水分備用。

2. 糯米椒切末、芹菜切末、香菜取梗切末、蒜切末、紅甜椒切指甲小丁後，全部放入大碗中，加入生薑末、鹽與糖。

3. 將黃豆芽、酸豆放入步驟 2.，再倒入魚露與壽司醋備用。

4. 取一炒鍋，開中大火熱鍋，倒入沙拉油，加入黃燈籠辣椒醬稍微拌炒，將步驟3.的食材、冬粉絲、百頁豆腐、金針菇加入。

5. 水滾開後加入蛤蜊與少許花雕酒，蛤蜊開殼後即可放入牛肉片，微滾即熄火。

料 理 小 秘 訣

① 凍百頁豆腐泡水是為了去掉鹽滷水味。
② 肥牛片在這道菜不需入味，而是拌著酸湯與金針菇一塊享用。此道就是嘗盡酸、甜、辣、鮮。

料理人
行話

過水
將食物放入水中，立刻拿起的過程。
過水的時間較汆燙短，過的水是熱水也可能是冷水，視料理需要而定。

熟水
是指煮開過然後放涼的水。
做菜的時候，若食材會吸收的用熟水；只是拿來洗淨要濾掉的可以用生水。

愛 上 青 椒 美 味

青 椒 回 鍋 肉

美味關鍵

整塊五花肉
汆燙

從小不吃青椒的我，有一次到朋友家作客，友人得意的拿手菜是回鍋肉，我不得不硬著頭皮吃下那一口，才發現青椒那獨特的氣味與回鍋肉特別的搭，一吃鍾情。

材 料

食材
洋蔥 50 克、青椒 1 顆、紅甜椒 1 顆、生薑 15 克、帶皮五花肉 300 克

調味料
沙拉油 10 克、醬油 5 克、花椒粉 1 克、豆瓣醬 10 克、黑豆豉 10 克、小魚乾 5 條、紹興酒 10 克

做 法

1. 洋蔥、青椒、紅甜椒、生薑切成片狀，盡量大小一致。
2. 五花肉洗淨後，整塊不切放入鍋中進行焯水，直至筷子可以插進去為止。將五花肉撈起待涼，擦乾連皮切成厚片狀。
3. 取一炒鍋，開中小火熱鍋，放入沙拉油熱油後，放入五花片逼出油呈金黃色加入醬油、撒上花椒粉，再加入青椒片拌炒，直至青椒皮微乾。
4. 將五花肉與青椒撈起置於一旁，再用鍋內餘下的油來爆香豆瓣醬，再依序爆香洋蔥片、生薑片及紅甜椒片。
5. 最後放回青椒與五花肉片，依序加入豆豉、小魚乾、紹興酒拌炒一分鐘，即完成美味料理。

料 理 小 秘 訣

① 將五花肉整塊汆燙是為了切出漂亮的帶皮厚片。
② 加一點沙拉油與五花肉同煎，可容易逼出五花肉的油，也避免為了逼油乾煎五花肉將其煎焦。
③ 青椒和肉與配菜分開炒，是為了帶出各自的食材風味，再混合一起時才能完美呈現出各自的風味。而我個人吃這道菜是不加醬油的。

料理人
行話

焯水

許多食材如生鮮肉品、海鮮等在料理前需經過「焯水」步驟，可以讓食材本身的血水或異味去除。「焯水」是將食材放在含水的鍋中加熱，直至半熟或全熟，再進行下一步烹調的過程。「焯水」和「汆燙」類似，但汆燙是將食材放入熱水中「快速燙過起鍋」；而「焯水」則得視食材特性，決定是「冷水下鍋」還是「熱水下鍋」？像排骨、豬腳及羊肉等異味重、血水較多，甚至是剛解凍過的生鮮肉品，得要「冷水入鍋」焯水；至於鮮蝦等海鮮類，則比較適合「熱水入鍋」的焯水。

難易度
★★

2 人份

吐 司 好 朋 友

蜜 汁 五 花 肉

美味關鍵

加了桂花醬
滋味就不同

這道看起來普通的料理，卻是我吃吐司時的最佳配料。吐司邊先啃掉，壓扁折成一半夾入蜜汁五花肉，兩大口就吃完。超好吃！

材料

食材

帶 皮 五 花 肉 150 克、市售豚高湯 80 毫升、蒜仁 2 顆

調味料

海鹽適量、紅棗 2 顆、 白葡萄酒 15 毫升、 太 白 粉 適 量、桂花醬 5 克

做法

1. 帶皮五花肉汆燙去血水後，再換鍋水燙熟切 1 公分厚度，待涼備用。

2. 取一湯鍋，以中大火熱鍋，將市售豚高湯在鍋中加熱，蒜仁拍過整顆放入，煮滾後熄火加入海鹽、紅棗、白葡萄酒和太白粉。

3. 取一大碗，將步驟 1. 切薄片的帶皮豬五花呈順時鐘平鋪在碗底，倒入步驟 2. 的食材後，再淋上桂花醬。

4. 電鍋外鍋放 200 毫升水，放入步驟 3. 的大碗，按下開關蒸至跳起後，保溫 1 小時，即完成美味料理。

料 理 小 秘 訣

① 桂花醬傳統做法是以高濃度的糖水（100 克水：80 克糖）煮開後離火，加入乾燥桂花即可。不論是桂花醬或是乾燥桂花，都需要冷藏保存。

② 這道菜屬於典型的入味而非調味，但與滷肉不同的是帶皮五花肉不能爛而且冷食最美味，所以也可以在肉熟後與醬料用低溫烹調方式來入味。

這個超推薦！ 地球上的鹽有三種，來自海裡的「海鹽」、在喜馬拉雅山脈等山區採集到的「岩鹽」及像在以色列的死海或美國的大鹽湖等湖泊採集到的「湖鹽」。這些來自山、海、湖的各種鹽類，其所含有的礦物質含量不同，各有其風味，讓日常的料理增添不少樂趣。
我喜歡用海鹽或鹽之花取代部分醬油，會讓料理出來的肉質較為鮮甜。

難易度
★★

2 人份

酸　　得　　夠　　味

酸 菜 雞

酸菜雞是我某次在一家雲南菜館吃到的，回家後念念不忘反覆揣摩。回到台灣後也利用家鄉容易取得的食材，做出屬於我們的美味。

材 料

食材

黃豆 50 克、雪碧 300 毫升、海鹽 1 克、帶骨雞腿肉 250 克、生薑 5 公分、蔥白段 10 公分、酸筍 60 克、冬菜 2 克、沙拉油適量、蒜末適量、大辣椒末適量

調味料

米酒適量、糖適量、草果 1 顆、香茅 2 根、香葉 2 片、八角 1 粒

做 法

1. 黃豆用雪碧、海鹽浸泡隔夜至軟。

2. 帶骨雞腿肉汆燙、生薑一半切片，一半切末、蔥留鬚切段、酸筍切碎、冬菜切末備用。

3. 取一湯鍋，開中大火，放入足量的水，冷水時即放入帶骨雞腿肉與步驟 1. 的黃豆，水滾後轉中小火。

4. 取一炒鍋，以中小火熱鍋，加入沙拉油，將酸筍與生薑末、冬菜末、蒜末、辣椒末、米酒、糖炒香後，放入步驟 3. 的湯鍋內。

5. 草果略拍、香茅折斷後再拍扁，與香葉、八角用滷包袋裝好放入步驟 4. 的大湯鍋中，熬煮 2 小時，即完成美味料理。

料 理 小 秘 訣

黃豆用雪碧、海鹽泡軟的原因是利用雪碧的碳酸與甜味，讓酸菜雞的酸，更為凸顯。

料理人
行話

碳酸飲料

碳酸飲料裡面的碳酸成分能使肉類變軟，或加速料理入味的功能，因此在燉煮肉類或不容易入味（如豆腐）的料理上，就可以加入適量的啤酒、沙士、可樂或一般汽水為料理加分。

美味關鍵

花椒是獨特風味
的來源

香 料 美 味 了 食 材

煙 燻 鱈 魚

煙燻就是古早的低溫舒肥。古時候煙燻
完得靠老天爺賞賜的季風來風乾,換到
此時此刻,低溫短時間煙燻可當作高階
料理的另一種風味。

材 料

食材
鱈魚 1 片

調味料
海鹽適量、大紅袍花椒 10 克、冰糖適量、紹
興酒適量

燻料
砂糖 5 克、米 10 克、紅茶葉 5 克

其他
錫箔紙、蒸架、抹布

做 法

1. 鱈魚擦乾後備用。

2. 取一炒鍋,以中小火熱鍋,不放油以乾
   鍋方式,炒香海鹽與大紅袍花椒(約 1 分
   鐘),放涼後壓碎,均勻抹在鱈魚上下,
   放在夾鏈袋裡置冰箱冷藏一個晚上。

3. 將步驟 2. 的鱈魚以熟水沖洗一下,放在
   深盤中,再放上些冰糖、紹興酒,放入蒸
   鍋中蒸 10 分鐘後取出待涼。

4. 大炒鍋底鋪上兩層錫箔紙,均勻撒上砂糖、
   米、紅茶葉,架上蒸架再放上蒸好的鱈魚,
   蓋上鍋蓋,開中大火,將抹布打濕後圍鍋
   蓋邊緣留一個小縫隙,等鍋子開始冒煙後
   轉小火燻 30 分鐘,即完成美味料理。

料 理 小 秘 訣

① 建議以中度發酵烘焙的茶葉來做煙燻,這樣
  的風味才有底蘊。

② 米是助燃物,能產生煙霧有助燻香。

③ 花椒雖然嗆辣但卻是不可少的隱藏記憶點。

「 蒸 」 的 好 吃

Part 1

好吃不膩的下飯菜

美味關鍵

調出個人風味
的蒸肉粉

難易度
★★
2 人份

粉蒸芋頭排骨

這道菜使用了自製的蒸肉粉，可以讓食材的鮮甜更上層樓，雖然麻煩了一點，卻很值得等待。

材料

食材
削皮芋頭 50 克、排骨 200 克

調味料
米酒 10 毫升、醬油 5 毫升、糖適量、蒜末 5 克、薑末 3 克、自製蒸肉粉（P.146）50 克

做法

1. 芋頭切皮，滾刀切好備用。排骨洗淨後，用米酒、醬油、糖、蒜末、薑末拌勻，裝入保鮮袋中，置於冰箱冷藏醃漬 1 小時。

2. 取蒸籠，上鋪一層蒸籠紙，將芋頭塊平鋪在上。

3. 取一平盤，將蒸肉粉平鋪其上，將醃過的排骨，放在蒸肉粉上滾一圈，使其均勻沾上蒸肉粉，再依序鋪在芋頭塊上。

4. 電鍋外鍋放 1 杯半的水，按下開關，待 5 分鐘後，放入蒸籠蒸煮 40 分鐘左右，即完成美味料理。

料理小秘訣

① 吃前可以撒些蔥花、紅椒丁裝飾。

② 可使用市售蒸肉粉或自製蒸肉粉（P.146）！

③ 粉蒸類的料理，肉的部分除了用排骨，也可以用梅花肉；而芋頭的部分，一般人多使用地瓜、南瓜來料理，甚至是稱為「里芋」的小芋頭，滋味也都很棒！

難易度
★★★
1 人份

老 立 法 委 員 的 菜 單

清燉蛤蜊獅子頭

美味關鍵

火力大小
很重要

爺爺以前當立法委員時，獅子頭只吃清燉的而且還要加蛤蜊肉，我才知道原來獅子頭不是只有紅燒口味，還有如此美味的變化。

材 料

食材
青 蔥 10 克、嫩 薑 10 克、金華火腿 20 克、梅 花 絞 肉 200 克、蛋白 1 顆、干貝粒 2 顆、大蛤蜊 4 顆、高麗菜 2 片

調味料
醬油 10 毫升、市售 雞 高 湯 200 毫升、紹 興 酒 10 毫升

做 法

1. 青蔥洗淨去根，取蔥綠部分切末 10 克備用、嫩薑切末、金華火腿切片備用。

2. 絞肉放入大碗中，加入青蔥末、嫩薑末及蛋清、醬油，攪拌均勻後，分成 4 份，一份一份在手掌中來回拍成丸子狀。加入發好撕開的干貝，均勻揉入絞肉後，再次拍打成丸狀。

3. 取一砂鍋，倒入雞高湯後，開中火將高湯煮滾，將蛤蜊放入直到開殼。蛤蜊開殼後，立刻熄火，將蛤蜊取出，挖出蛤蜊肉。蛤蜊肉待涼後，再包進步驟 2. 的絞肉中。

4. 將完整的高麗菜葉子放入步驟 3. 含有雞高湯的砂鍋底部。放入絞肉球與另一顆發好的干貝與金華火腿，並倒入紹興酒，以小火煨煮 1 小時，起鍋前三分鐘可放入多餘的開殼蛤蜊，再以武火收汁，即完成美味料理。

料 理 小 秘 訣

① 干貝的發法請見 P.50「干貝銀芽」。

② 梅花肉要選 3 肥 7 瘦比例的部分來做絞肉，最能凸顯這道菜的美味。

③ 干貝絲包在獅子頭裡面是驚喜；而整顆的干貝在外頭則會帶起湯的鮮味兒。

④ 我個人喜愛高麗菜勝過大白菜，如果想用大白菜也沒有問題。

料理人
行話

文火 & 武火
文火指的是小火，通常是爐心的火；大火是武火，通常是爐外圈的火加上爐心的火。

難易度 ★
1 人份

爆 發 在 舌 尖 上 的 旖 旎 香 味

迷迭香雞腿

這道菜是店裡長達四年的常勝套餐，我甚至以此研發出以不同的香料與醃漬水果，帶出一系列不同口味的雞肉料理。試試看，你也一定會驚訝於它的口感！

材料

食材
帶骨雞腿 300 克

調味料
新鮮鳳梨 50 克、蒜頭 10 克、乾燥迷迭香 3 克、義大利綜合香料 3 克、醬油 20 克、白葡萄酒 3 瓶蓋、糖適量

做法

1. 雞腿背面扎洞，將雞腿裝進大小差不多的中型密封袋中，蒜頭去皮拍扁切成碎末、新鮮鳳梨切小塊讓鳳梨酵素釋放出來備用。

2. 蒜末放入碗中，加上所有的調味料混合均勻，倒入步驟 1. 的密封袋，搓揉讓調味料與雞腿混合，放入冰箱冷藏醃漬至少 6 小時或隔夜。（切勿醃太久容易壞掉）

3. 烤箱預熱至 160℃，將醃漬好的雞腿取出放入烤盤，至預熱好的烤箱內，將雞腿皮的部分朝下烘烤，約 20 分鐘將油逼出來至黃色即可翻面。

4. 將烤溫降至 120℃，再烘烤約 10 分鐘直至雞皮呈金黃色，即可取出放涼，即完成美味料理。

料理小秘訣

① 雞皮先朝下烤才是主廚的秘訣，這樣的做法會讓雞皮呈現脆口的口感，同時使用烤盤烘烤，才能聚集雞油把皮烤脆。

② 鳳梨有軟筋效果，雞肉的背面扎洞能讓調味料滲入，才能入味，但要注意若以冷藏方式醃漬，切勿醃太久，否則容易壞掉。

③ 在餐廳裡製作的量大，多會先醃好後丟冷凍，取出來後先以微波解凍或冷藏解凍再以烤箱烘烤。

料理人行話

鳳梨酵素
鳳梨酵素和木瓜酵素類似，經常運用酵素成分破壞肌肉裡的纖維，使得肉質變得軟嫩、好吃。但要注意的是，以鳳梨泥來醃漬肉類，份量使用及時間不宜過多過長，否則肉類會太過軟嫩，影響口感。
很多水果都含有酵素，酵素含量較高的有木瓜、鳳梨、香蕉、蘋果、奇異果、梅子等，可以選擇當季當令的水果來輔助做菜。

難易度 ★★
4 人份

每 次 烤 完 貴 婦 都 尖 叫

蜜 桃 烤 全 雞

美味關鍵

罐頭水蜜桃
超好用

脆皮烤全雞輔以水果香，是一道比你想像還要簡單、適合全家在一起享用的幸福滋味！

材料

食材
全雞 1 隻（1.5 公斤
左右）、罐頭水蜜桃
2 片、馬鈴薯 1 顆

調味料
海鹽 2 克、新鮮迷迭
香 2 株、橘皮 2 片

做法

1. 烤箱預熱至 220℃。全雞洗淨，擦乾表皮，裡外均勻抹上海鹽備用。

2. 雞腔內塞迷迭香、橘皮與水蜜桃片，把雞腳塞回腹腔堵住，置於烤盤上。

3. 馬鈴薯不去皮，洗淨後切成滾刀塊，堆在全雞旁，放入已預熱好的烤箱。

4. 烘烤 20 分鐘後開烤箱門 10 秒鐘，關上烤箱門繼續烘烤 20 分鐘即可，將雞置於烤箱中約 5 分鐘，讓烤箱內餘溫使皮脆，即完成美味料理。

料 理 小 秘 訣

① 此道料理不用醃，這樣雞皮與雞肉才有不同口感。

② 我試過許多新鮮水果，但發現罐頭水蜜桃是最佳選擇。中途開烤箱門是為了降溫，避免過度加熱。

③ 如果沒有新鮮的迷迭香，也可以使用乾燥的迷迭香 2 克。我個人製作時，海鹽使用 2 克已足夠，若想要鹹味再明顯一點，可酌量增加。

④ 堆滿馬鈴薯塊時吸取烤製過程中的雞油，不僅馬鈴薯好吃，雞肉也不會有油膩感。不去皮的馬鈴薯經烘烤過，也有酥脆的外皮口感。

橘皮

陳皮

料理人
行話

橘皮 & 陳皮
柑橘皮就是一般成熟橘子的皮放到乾，而成熟新鮮橘皮放很久之後，就成陳皮，因此橘皮不等於陳皮。至於在料理上何時使用橘皮、何時使用陳皮，則沒有明顯的規則，若是想呈現典雅風味的料理，是用橘皮，例如這道「蜜桃烤全雞」；久燉熬煮的用陳皮，例如：肉骨茶。

難易度
★ ★ ★
4 人份

連 歐 爸 都 稱 讚

麻 油 糯 米 雞

美味關鍵

下麻油的時機點
很重要

這道菜是某次前往韓國交換料理時發想的，由於不是在自己熟悉的廚房，又想為國爭光，於是以韓國傳統人蔘雞湯為發想，將台灣的麻油雞做一個跨國結合。

材料

食材
老薑 100 克、白圓糯米 80 克、枸杞 20 克、紅棗 8 顆、全雞約重 1～2 公斤

調味料
黑麻油 300 克、米酒 300 毫升、水 300 毫升、鹽 3 克

做法

1. 將老薑洗淨，不去皮直接切成薑片、白糯米泡水兩小時、枸杞及紅棗洗淨，將紅棗以刀劃開備用。
2. 黑麻油 50 毫升倒入炒鍋中，以中小火先把薑爆香到金黃色，連油帶料倒入大鍋中備用。
3. 全雞洗淨，將泡好的糯米、枸杞、紅棗塞入腔，把雞腿回塞到腔內開口，再插上長竹籤兩根將腔口封住。
4. 全雞放入步驟 2. 的大鍋子裡，加入鹽、米酒及水，開大火煮滾後再放 50 毫升的麻油，馬上轉小火煨煮兩小時。時間到立刻離火，起鍋前再放入剩餘的麻油，即完成美味料理。

料 理 小 秘 訣

① 黑麻油分為前中後三次倒入，最後一次是離火時，起鍋前放下去的麻油會更香。
② 鹽則是一開始就放，是希望雞肉入味。
③ 全雞選 1～2 公斤大小就好，大小老嫩無所謂。
④ 米酒與水的比例是 2：1 最為恰當。

這個超推薦！ 因為要一鍋燉到熟，且原鍋上桌，因此建議使用導熱及保溫效果好的湯鍋。SIEGWERK 德國百年琺瑯雙耳湯鍋承襲德國經典設計，將「琺瑯碳鋼」結合「琺瑯塗層」，打造色彩繽紛且堅固耐用的琺瑯鍋具！鍋胚包覆三層琺瑯塗層，能產生強烈的遠紅外線，在不破壞食材組織狀況下，讓食材完全熟成。同時可耐食物酸鹼值，可盛裝任何食材，並保存食材原汁原味。

Part2

欲罷不能的
飯 & 麵 & 糕

沒有時間做料理時,
來個炒飯或燉飯或麵類料理,
是最能滿足五臟廟的美味了!

難易度
★
4 人份

全台灣會做的沒幾個！

新疆抓飯

美味關鍵

牛肉
得先乾煸過

這傳了幾百代的料理，真的是我的祖先正藍旗主愛新覺羅莽古爾泰行軍打仗時，為了方便而隨身帶著的乾糧呢！

材料

食材

長米 200 克、市售雞高湯 500 毫升、紅蘿蔔 1/3 條、洋蔥 1/2 顆、蒜仁 6 顆、葡萄乾 35 克、無骨牛小排 150 克

調味料

鹽適量、黑胡椒粉適量

做法

1. 長米洗淨後直接放入電鍋的內鍋，加入市售雞湯備用。

2. 紅蘿蔔與洋蔥切丁，放入步驟 1. 的內鍋中，再放入整顆蒜仁與葡萄乾，外鍋放 500 毫升的水，按壓電鍋蒸飯。

3. 取一炒鍋，開大火熱鍋，不放油，將無骨牛小排靠著鍋邊單面煎約 1 分半鐘左右，待呈現深咖啡色後翻面再煎 1 分鐘，熄火撒上鹽與黑胡椒粉，切塊備用。

4. 電鍋跳起來後，將步驟 3. 所有食材（連煎出的牛油）放入步驟 2. 蒸好的飯裡，再燜上 10 分鐘，即完成美味料理。

料理小秘訣

① 紅蘿蔔不炒改成電鍋蒸是希望甜味留在飯裡。

② 小時候廣媽媽用的是牛腩與牛脂肪爆香煎好後，牛脂肪撒上鹽與胡椒當前菜，牛腩則放入新疆抓飯中。

③ 雖然坊間看到的新疆抓飯都是以羊肉為主，但事實上，根據父親的說法，在打仗時什麼肉都可以，包括馬肉，不可能只有羊肉。

這個超推薦！ 「新疆抓飯」這道料理用的是長米，也就是我們常說的「秈稻」，俗稱「在來米」。形狀細長的秈米，煮熟後乾鬆不黏，吃起來口感較硬，以長米做出新疆抓飯，比較接近新疆在地的口感。如果吃不慣長米，用常吃的「蓬萊米」也行。「蓬萊米」就是粳米，它外觀圓短，是我們最常吃的米種，煮熟後「有點黏又不會太黏」，Q軟適中。
我經常用中興米的長米或無洗米來做這道「新疆抓飯」，尤其是沒有太多時間，拿起無洗米加上水就立刻可以放入電鍋煮，非常方便。

繽 紛 色 彩

南洋雙色飯

天然的蝶豆花與火龍果染色熱騰騰的米飯以外，還可以給我們視覺上旖旎的好心情，增加情趣。

材料

食材
蝶豆花 4 克、溫熱水 200 毫升、米 100 克、火龍果（紅）1 顆、蒜仁 1 顆

調味料
橄欖油適量、海鹽適量

做法

1. 取一單柄鍋，放入溫熱水，將蝶豆花放入約 4 分鐘稍微攪拌，取出蝶豆花，即可得到靛藍水。

2. 取 50 克米洗淨後，放入內鍋裡，加入 45 毫升的蝶豆花水與橄欖油、海鹽，放入電鍋蒸熟。

3. 紅色火龍果以手持料理棒打成汁後秤重，火龍果汁與水以 1：0.3 調和後，加入米以 1：1 放入內鍋，加入橄欖油與蒜仁，放入電鍋蒸熟。

4. 將步驟 2. 與步驟 3. 取出排盤，就可以大快朵頤了。

料理小秘訣

火龍果汁如果不加水稍微稀釋會太濃稠，顏色過重。

美味關鍵

飯與水的比例是 1：0.9

難易度
★
2 人份

小 角 色 大 美 味

櫻花蝦高麗菜飯

第一次吃到以雞油炒過的高麗菜飯，讓我難以忘懷，而以兩種高麗菜來表現台灣獨有的高麗菜飯，是我一直想做出來的美味食譜！

材 料

食材
冬菜 5 克、高麗菜 1/5 顆（靠近較粗梗部分的葉子）、櫻花蝦 5 克、雞油適量、紅蔥頭 2 瓣、生薑末適量、隔夜冷飯 150 克

調味料
鹽適量

做 法

1. 冬菜切末、高麗菜切成指甲片大小備用。

2. 取一炒鍋，以小火不放油，炒櫻花蝦 10 秒後取出備用。

3. 同一炒鍋以中大火熱鍋，放入雞油潤鍋後，加入紅蔥頭與生薑末稍微拌炒，再加入冬菜末、高麗菜，拌炒約 1 分鐘後，加入隔夜白飯再拌炒 1 分半鐘，撒鹽調味即完成美味料理。

料 理 小 秘 訣

① 高麗菜選用靠近球心的部分，因為較脆，耐炒耐燜又爽口。

② 台灣的冬菜大都也是高麗菜醃製而成的。

③ 這道菜的雞油可以多放一點，即使冷藏隔夜再加熱，風味依舊卻不失清爽。

美味關鍵

蛋黃
是用來醃製米飯

難易度
★
2人份

吃 飽 吃 巧 的 好 選 擇

黃 金 炒 飯

黃金炒飯是廣東菜師傅的絕活。想要嘗到在餐館粒粒分明且要顆顆裹著蛋液的米粒,黃金飽滿香而不焦的炒飯,在家也可以做出。

材 料

食材
雞蛋 1 顆、隔夜冷飯 150 克(常溫)、紅蔥頭 2 瓣、沙拉油 10 毫升、生薑末 1 克

油醋醬
海鹽適量、糖適量、魚露適量

做 法

1. 蛋黃與蛋白分離,將蛋黃打散後倒入隔夜米飯攪拌均勻、紅蔥頭切碎備用。

2. 取一炒鍋,以中大火熱鍋,倒入沙拉油,先放入紅蔥頭爆炒 20 秒後即放入生薑末,轉中小火繼續拌炒 30 秒。

3. 放入攪拌均勻的步驟 2. 蛋黃飯,轉中大火翻炒,撒入海鹽、糖,持續翻炒到米飯粒粒分明,再將蛋白沿著鍋邊倒入成片狀拌炒一下,熄火加入魚露,再拌炒均勻,即完成美味料理。

料 理 小 秘 訣

① 隔夜冷飯最好是從冷藏直接拿出來,然後恢復到室溫再炒。

② 蛋白在鍋邊炒,是為了成片狀,拌炒進去較為美觀。

③ 想要這道炒飯的滋味更加獨特,不妨加一匙我個人研發的「就是醬」(P.19),香氣立馬升級。

美味關鍵

薑黃
煮米時就放

難易度
★
2 人份

黃 澄 澄 好 誘 人

金針薑黃飯

直接食用薑黃粉會苦苦澀澀的，但運用
在生米煮成熟飯後卻成為暖暖的甘甜味；
尤其是薑黃天然熱情的明黃顏色，很容
易讓人胃口大開。

材 料

食材

長米 100 克、市售雞高湯 120 毫升、薑黃粉
2 克、乾燥金針花 3 克

調味料

雞油適量、民生壺底油精適量

做 法

1. 米洗淨後放入電鍋內鍋，倒入雞湯、撒入
   薑黃粉，攪拌均勻備用。

2. 乾燥金針花洗淨後，擠乾水分放入步驟
   1. 的米中。

3. 加入雞油、民生壺底油精，外鍋加入 200
   毫升水，按下開關蒸煮至熟，即完成美味
   料理。

料 理 小 秘 訣

① 在家以大同電鍋煮飯，我會視米的品
   種而有不同水分比例。以台灣中興免
   洗米為例，如果是長米，內鍋水與米
   的比例為 1：2（米 1、水 2）左右；
   若是台梗九號米我則會用 1：1（米 1、
   水 1）。此道料理加了脫水的金針，還
   更會佔水分，因此水份要再多一點點。

② 薑黃飯中米：水的比例為 1：1.2

難易度
★
2人份

平 凡 卻 又 不 簡 單

上 海 菜 飯

這道上海菜飯是正統上海人教我的，才知道
菜飯是燜出來的不是炒出來的！

材 料

食材
港式香腸 15 克、青江菜 1 株、米 100 克、水
120 毫升、生薑末適量、蒜末適量

調味料
豬油 5 克、白胡椒粉適量

做 法

1. 港式香腸切成小丁備用；青江菜葉與梗分
   開，切碎備用。

2. 米洗淨泡水 1 小時後，放入電鍋內鍋，加
   水與步驟 1. 的食材、青江菜的梗少許與豬
   油，按下電鍋開關蒸煮至熟。

3. 取一炒鍋，開中小火熱鍋，放入少許豬油，
   放入生薑末、蒜末爆香，再加入青江菜的
   葉碎拌炒至熟，待電鍋跳起後燜 10 分鐘
   加入拌勻，即完成美味料理。

料 理 小 秘 訣

① 若想吃豪華版的上海菜飯，則可使用
  金華火腿來做。金華火腿需事先切成
  小丁，加入適量的紹興酒蒸上 10 分鐘
  後，連同湯汁放入內鍋中，加入洗好
  的米、青江菜梗及少許豬油，一起蒸
  煮至熟。再接著完成步驟 3 即可。

② 這菜飯可以不用豬油，但我吃過的巷
  弄上海菜飯都是放豬油重油才夠味。

美味關鍵

脫水蔬菜
也能做好料

難易度
★
2 人份

露 營 也 能 吃 好 料

牛肝菌菇燉飯

這道料理是我每次出差或是朋友邀約露營過夜準備的料理，它簡單方便，利用常見的脫水蔬菜就可以做出讓人欲罷不能的美味。

材 料

食材
乾的牛肝菌 16 克、三興無洗米長米 100 克、脫水高麗菜 10 克、脫水紅蘿蔔 10 克、脫水洋蔥丁 8 克

調味料
義大利綜合香料 1 克、海鹽 2 克、糖 2 克

其他
內鍋水 250 毫升、外鍋水 300 毫升

露營版用工具
密封夾鍊袋 1 只

做 法

1. 準備密封夾鍊袋將乾的牛肝菌、三興無洗米長米、脫水高麗菜、脫水紅蘿蔔、脫水洋蔥丁、義大利綜合香料、海鹽、糖混合裝入備用。

2. 露營蒸飯時，如果用電鍋蒸煮，則內鍋水 250 毫升，外鍋水 300 毫升；如果是直接以鍋子用卡式爐蒸煮時，則開中小火，鍋內的水分改成 300 毫升，直到煮成米粒狀即完成美味料理。

料 理 小 秘 訣

由於是為露營所設計，因此刻意使用脫水蔬菜，故內鍋水量經反覆試做發現，米與水的比例為 1：2.5，是最像燉飯的完美口感。

難易度
★
2人份

酷　夏　必　吃

酸辣皮蛋冷泡飯

一般的冷泡飯通常都是用茶湯，我特別用了泰式酸辣手法，加上獨特的剝皮辣椒。沒想到泰式的酸辣佐料與剝皮辣椒非常合拍，有著意想不到的美味！

材 料

食材

皮蛋 1 顆、小蕃茄 3 顆、蒜頭 1 顆、黃檸檬汁 5 毫升、生薑末適量、洋蔥丁 1/4 顆、 蝦仁 6 尾、剝皮辣椒 1 根、香菜 2 株、隔夜冷飯 100 克

調味料

沙拉油適量、市售雞湯 100 毫升、魚露適量、S&B 柚子青辣椒醬

做 法

1. 皮蛋剝殼稍微蒸過後，切成滾刀狀、小蕃茄對半切備用。
2. 取一大碗，將蒜頭切末與檸檬汁、生薑末、洋蔥丁、小蕃茄、S&B 柚子青辣椒醬與雞湯放入，攪拌均勻。
3. 取一炒鍋，開中大火熱鍋，放入沙拉油爆炒蝦仁 20 秒後取出待涼備用。
4. 剝皮辣椒與香菜切碎，與蝦仁一起放入步驟 2. 的食材中加入魚露。
5. 將皮蛋放在隔夜冷飯上，再倒入步驟 4. 的食材，即完成美味料理。

料 理 小 秘 訣

此道菜如果不泡飯，則可省略雞湯與蝦仁，將飯改成牛蕃茄片，就是一道美味的冷菜。

這個超推薦！ 這道菜有 S&B 柚子青辣椒醬這項秘密武器，讓這道料理加了不少分。它清爽的口感，非常適合酷暑的夏天，尤其將豬肉汆燙切片，沾上少許的柚子青辣椒與醬油，滋味非常迷人！

南 洋 風 情
透抽綠咖哩椰香飯

美味關鍵

綠咖哩醬
與透抽非常對味

椰奶解了綠咖哩的辣，卻提升了海味透抽的鮮，這道料理，有東南亞的
味道，也有台灣本土的滋味！

材 料

食材

紅蔥頭 1 瓣、紅
甜椒適量、生薑末
適量、透抽（魷魚
圈）100 克、沙拉油
適量、米 100 克

調味料

白酒適量、鹽適量、
市售雞湯 50 毫升、
酷椰嶼椰奶 30 毫
升、市售綠咖哩醬
80 克、香茅 1/2 根、
月桂葉 1 片

做 法

1. 紅蔥頭切碎、紅甜椒先片成薄片再切絲備用。
2. 取一炒鍋，開中大火熱鍋，倒入沙拉油爆香紅蔥頭 30
   秒後，放入生薑末再爆香 20 秒，加入透抽（魷魚圈）、
   白酒、鹽再炒 30 秒，熄火，留在鍋中備用。
3. 米洗淨後放入電鍋內鍋中，加入雞湯、酷椰嶼椰奶、綠
   咖哩醬後拌勻備用。再將香茅 1/2 根對折不要斷，與月
   桂葉一起放入內鍋中，外鍋放 200 毫升水，按下開關直
   至電鍋跳起，加入步驟 2. 的透抽，即完成美味料理。

料 理 小 秘 訣

① 透抽不用水煮改用爆香，
   是希望有些許微硬的口
   感，有嚼勁。

② 一鍋兩炒的秘訣，在於移
   動鍋子讓火源集中在鍋中
   需要煎的範圍，例如如果
   火源是圓心點，絞肉在鍋
   子的右上角，可將平底煎
   鍋移動，讓右上角的位置
   直接接觸火源集中處。

③ 除了透抽，其他 10 隻腳的家族也可以喲！

料理人行話

10 隻腳家族

很多人常常將魷魚、花枝、軟絲、透抽、小卷這幾款 10 隻腳的家族分不清，
簡單的跟大家分享。

以體型來分，魷魚＞透抽＞花枝＞軟絲＞小管。魷魚是這幾款中體型最大的，他的鰭
是三角形；花枝又叫墨魚或是烏賊，身體圓圓胖胖，鰭還有些波浪狀，體內有硬殼；
至於軟絲則比花枝小，體型則是橢圓形，體內沒有硬殼；另外小卷、透抽及中卷則是
「鎖管」一家人，體型小的叫小卷；體型超過 15 公分以上的，就叫透抽、中卷。

難易度
★
1 人份

辣　　得　　順　　口

焗烤蕃茄辣椒飯

把莎莎醬做成中菜你吃過嗎？我把它做成飯料理，朋友一吃上癮，你也一定要試試！

材料

食材
九層塔 20 克、市售墨西哥綠辣椒片 10 片、牛蕃茄 1/4 顆、黃甜椒 1/4 顆、洋蔥 1/4 顆、隔夜冷飯 60 克、洋芋片 5 片、雙色起司絲 25 克

調味料
便利商店的海鹽檸檬飲 30 毫升、橄欖油適量

做法

1. 九層塔切碎、墨西哥綠辣椒片切碎、牛蕃茄切丁、黃甜椒切丁、洋蔥切丁後與便利商店的海鹽檸檬飲攪拌均勻，加入橄欖油備用。

2. 隔夜冷飯放入耐烤器皿中，放入步驟 1. 的食材與湯汁，洋芋片捏碎後撒上，雙色起司絲鋪在上層。

3. 將烤箱以 220℃ 預熱 10 分鐘後，將步驟 2. 放入烤箱上層入爐烘烤至上色（約 15 分鐘），即完成美味料理。

料理小秘訣

① 此道的蕃茄得用牛蕃茄才多汁對味。

② 如果買不到墨西哥綠辣椒，可以用市售的罐頭剝皮辣椒 3 根取代。

美味關鍵

民生壺底油瓜
太美味

難易度
★
2人份

世界末日罐頭飯

如果明天開始是為期 3 個月的世界末日，你最想吃的是什麼？！

我會以現有喜愛的食材盡情地每天料理，也許是原本不喜歡的鱈魚肝，或許是捨不得吃的蟹膏，但確定的是我們都會很幸福地吃到喜愛的料理。

材料

食材

罐頭鯷魚 2 條、罐頭鮪魚 70 克、民生壺底油瓜 5 克、脫水紅蘿蔔 5 克、隔夜冷飯 220 克

調味料

市售雞高湯 30 毫升、黃咖哩粉適量、雙色起司絲適量

做法

1. 油漬鯷魚罐頭 2 條切碎備用；水漬鮪魚罐頭 1 罐連同鮪魚汁倒入焗烤盤中，加入脫水紅蘿蔔乾。

2. 再將切碎的民生壺底油瓜加入，倒入隔夜冷飯、雞高湯，撒上黃咖哩粉後攪拌，再加入步驟 1. 的鯷魚碎。

3. 鋪上雙色起司絲後，放入已以 220℃預熱 10 分鐘的烤箱上層中，烘烤 15 分鐘直至起司融化，完成美味料理。

料理小秘訣

現今無論是馬口鐵或是玻璃瓶裝的魚包裝食品，通常都以鹹淡調味過，建議組合材料時，可發揮想像各式罐頭食品的含油湯水、鹹、淡、醃、乾等特性，或許你也可以原創另一個「世界末日」的料理。

這個超推薦！ 嚴選本土農產傳統大黃瓜，以古法儲蔭，先以鹽經過 10 個月醃漬成蔭瓜，再加入古法耗時 6 個月製造純釀的黑豆醬油，讓大黃瓜慢慢浸潤出鹹香甘甜的風味。這瓶「民生壺底油瓜」可以煮湯、蒸魚、燉湯，都能提出食材的鮮甜味。

難易度
★
1 人份

大　海　的　美　味

焗烤蛤蜊蘆筍飯

美味關鍵

蛤蜊
要用烤的

只要喜歡，任何料理都可以改成屬於你的口味，無限組合不用拘束才能找到美味。
這道焗烤蛤蜊蘆筍飯即是如此產生。

材料

食材

蛤蜊 6 ～ 8 顆、白
蘆筍 1 根、紅甜椒
1/4 顆、黃甜椒 1/4
顆、隔夜冷飯 100
克、蛋黃 1 顆、洋
蔥 1/4 顆、蒜末適量、
雙色起司絲適量

調味料

白酒適量、無鹽奶
油適量、橄欖油適
量

做法

1. 蛤蜊洗淨後放入烤盤上，加入白酒與無鹽奶油，放入
   烤箱以 200℃烘烤到開殼（約 5 分鐘）；白蘆筍以削皮
   刀略微去皮後斜切丁、紅甜椒、黃甜椒去膜去籽後切成
   丁、洋蔥切丁備用。

2. 隔夜米飯放入耐烤器皿中，加入已打散的蛋黃拌勻，
   再放入橄欖油、蒜末與白蘆筍、紅黃甜椒丁及洋蔥丁再
   次攪拌，將烤好的蛤蜊放在最上層，鋪上雙色起司絲。

3. 烤箱以 200℃預熱 10 分鐘後，將步驟 2. 放在烤箱上層
   烘烤 15 分鐘直至上色，即完成美味料理。

料理小秘訣

① 步驟 2. 中白蘆筍及紅黃甜椒斜切的大小形狀要大致
   相同，「長得」要像一家人。

② 蛤蜊也可換成海瓜子。

這個超推薦！　我很喜歡美味的橄欖油，這款由義大利原裝進口的頂級精
品冷壓初榨橄欖油，是 2018 年金馬獎貴賓禮之一，100%
第一道冷壓初榨，堅持 12 小時內採收壓榨封存健康美味，是我近年來用過最棒的
橄欖油之一！

美　味　無　極　限

美味關鍵
鹹蛋黃
要用米酒蒸過
滋味更棒

深水炸蛋豬肉蓋澆飯

又辣又鹹的豬肉末淋在白飯上，再蓋上炸過的荷包蛋，這就是我在上海吃到最接地氣的蓋澆飯。

材料

食材
紅蔥頭 2 瓣、朝天辣椒 1 根、豬絞肉 80 克、蒸過的鹹蛋黃 1 顆、隔夜冷飯 120 克

調味料
沙拉油適量、糖適量、鹽適量、蛋 1 顆

做法

1. 紅蔥頭切成末、朝天椒切成末備用。

2. 取一炒鍋，開中大火熱鍋，加入少許沙拉油，先爆炒紅蔥頭末，再放入豬絞肉拌炒，直至呈金黃色再放入辣椒末、糖及鹽爆炒 30 秒後熄火，撈起備用。

3. 蛋恢復常溫後，打入碗中，取一炒鍋，開大火倒入沙拉油，待油溫達約 150℃時，將蛋碗離油鍋約 10 公分高度，將蛋打入，約 20 秒後蛋白會先起泡，第 40 秒即可撈起金黃色的全蛋備用。

4. 炒鍋開中大火，放少許沙拉油，放入蒸過的鹹蛋黃炒到微起泡，再放入隔夜冷飯拌炒 30 秒後，攪拌均勻撈起放入碗中，放上步驟 3. 的炸蛋與步驟 2. 的紅蔥頭絞肉末，即完成美味料理。

料 理 小 秘 訣

① 炸蛋必須要用回到常溫的雞蛋，如此一來較好控制火候，待油溫高到 150℃時才將蛋打入，才能做出口感不油膩的炸蛋。

② 想要擁有酥脆邊緣的炸蛋，油炸時需要用勺子將熱油迅速舀入蛋中，動作要快，才能避免蛋黃熟透。讀者可參考影片，就能更了解。

③ 這道蓋澆飯在上海當地人都先將菜跟飯攪拌後再吃，後來我自己直接改成「拌炒」飯。

④ 油溫判別方法，請見 P.45「老皮嫩肉」做法 2.，待蔥段轉圈圈泡泡時就可以將雞蛋打入。

季　節　的　美　味

雞肉筍子燉飯

每到暑假，為家打拚的廣媽媽，就會做一大鍋的燉飯，讓我自個兒吃一週。我做燉飯的手藝也來自廣媽，這是個母傳子的家庭美味。

材料

食材
雞胸肉 50 克、薑絲 5 克、綠竹筍 60 克、米 100 克、蒜碎 2 克

調味料
水 30 毫升、米酒適量、海鹽適量、市售雞肉高湯 120 毫升、糖 1 克、雞油 5 克、民生純釀台灣黑豆豉 3 克

做法

1. 電鍋外鍋放 150 毫升水，雞胸肉切成食指甲片大小的丁狀，放入大碗中，加入 30 毫升水與薑絲、米酒、海鹽拌勻後，一起蒸到電鍋跳起待涼備用。

2. 帶殼的綠竹筍洗淨，放入內鍋，加水淹過，外鍋放 300 毫升水蒸煮。蒸好待涼的綠竹筍切成與雞胸肉丁同樣大小備用。

3. 米洗淨後，放入內鍋，加入市售雞肉高湯、蒜末、糖和雞油攪拌均勻後，外鍋放 120 毫升水，按下開關蒸煮至熟，電鍋跳起後燜 10 分鐘，放入步驟 1.、2. 的食材，再加上民生純釀台灣黑豆豉拌勻，即完成美味料理。

美味關鍵

利用鮮筍的鮮甜

料理小秘訣

① 鹹味純粹靠黑豆豉，而「民生純釀台灣黑豆豉」是古法純釀的無添加醬油副產物，比一般市售的黑豆豉大上 3 倍，拿來做豆豉排骨、燜苦瓜、炒魚脯、煮鮮魚等各式料理，都超美味。

② 此料理可以綠竹筍、麻竹筍、桂竹筍、冬筍製作，各筍子以電鍋煮的方式如下：綠竹筍帶皮放冷水中，外鍋放 300 毫升煮至跳起；麻竹筍削皮放冷水中，加入鹽與沙拉油煮 20 分鐘熄火，燜 20 分鐘；桂竹筍帶皮放冷水中，煮至跳起後在內鍋放至涼；冬筍去頭尾剝殼再加入水，放鹽與沙拉油煮開浸泡 2 小時，換水再浸泡一次。

美味關鍵

在來米與水
的比例是 1：0.7

難易度
★★
2人份

我 只 吃 這 味 兒

香菜蘿蔔糕

廣東人的蘿蔔糕會加上香菜與香腸一起蒸，我抱著姑且一試做做看，沒想到一試成老主顧。現在我只做這樣口味的蘿蔔糕。

材料

食材
在來米 230 克、香菜 10 克、乾香菇 1 朵、蘿蔔絲 460 克、蝦皮 5 克、台式香腸 1/2 條、蝦皮 5 克、水 161 克

調味料
沙拉油適量、糖適量、鹽適量、白胡椒適量、米酒適量

做法

1. 在來米放入鍋中，加入蓋過米的水，浸泡 2 小時後瀝乾水分備用。

2. 香菜去葉留根切段、乾香菇發泡去蒂先拍扁再切絲備用。

3. 取一炒鍋，以中大火熱鍋，加入沙拉油，放入蘿蔔絲翻炒直至開始出水成為半透明狀，轉小火加入蝦皮繼續拌炒，續加入乾香菇、糖、鹽、白胡椒、米酒，稍微滾後即可熄火。連同湯汁倒入準備好的長方條模具 (容量 900 克以上) 中備用。

4. 準備果汁機，將在來米、水放入，啟動攪打成白色米水為止，倒入步驟 3. 的模具。

5. 將台式香腸切片後，與香菜放入模具中，放入電鍋蒸 25 分鐘即可凝固。

料 理 小 秘 訣

① 在來米與水的比例是 1：0.7，因為白蘿蔔絲與蝦皮炒過的美味湯汁，正好可以填補蒸煮時所需要的水份。

② 白蘿蔔絲要用蝦皮來炒，因為蝦皮帶有鮮味可取代味精，但很多人不喜歡的原因可能是因為蝦皮通常在口中仍留有乾乾的口感，但只要過水蒸過完全不會感受到這個食材的存在，只會嘗到鮮味喔！

難易度
★
1 人份

一 定 要 冷 的 吃

冷香蒜辣椒麵

在我經營的親子餐廳中，這道是最受歡迎的員工餐之一。我經常自己下廚為辛苦的員工做上這道，放涼了才可口的義大利辣麵，也推薦給在酷夏沒有胃口的你。

材料

食材
蒜仁 10 顆、乾辣椒 5 克、珠蔥 5 根、義大利直細麵 90 克

油醋醬
橄欖油適量、海鹽適量

做法

1. 將大蒜切成片狀、乾辣椒以刀切成碎、珠蔥切成蔥花備用。

2. 取一湯鍋煮一鍋水，水滾後倒入些許橄欖油與海鹽，放入義大利麵煮約 8 分鐘後熄火，讓義大利麵靜置於鍋中 8 分鐘。時間到撈起置於冰水中冰鎮，倒入橄欖油拌勻後，即可撈起瀝乾備用。

3. 取一炒鍋，以中小火熱鍋，倒入橄欖油，熱油約 30 秒後放入蒜片煎至金黃色，撒入乾辣椒碎即可熄火。

4. 以餘溫將步驟 2. 的義大利麵放入鍋內攪拌均勻，將蔥花與海鹽一起拌入，即完成美味料理。

料 理 小 秘 訣

① 此食譜的義大利麵煮法，是營業餐廳的做法。由於在用餐時需要快速出餐，因此餐廳裡經常將義大利麵事先做好冷藏。步驟 1. 將義大利麵靜置在煮麵水裡是為了吸足水分，這樣麵條比較不會因為二次烹調乾掉。橄欖油預先拌入也可保清香。

② 如果覺得料不夠多，建議可以加上爆炒撒上義大利綜合香料的奶油蝦仁。

③ 如果想大量製作義大利麵，可以在步驟 2. 完成後分裝每次食用的分量，置於冰箱可冷藏 3 天，冷凍則可保存 1 個月。

④ 另外一道美味義大利麵料理，請見 P.142 蛋黃義大利麵。

難易度
★
2 人份

留一口給我，可以嗎？

蛋黃義大利麵

有一回在日本餐廳看到某位義大利主廚正在示範，當下對這道料理非常感興趣，回台試做很多次，直到想到利用中大火的餘溫來將蛋黃液裹上，才做出這美味的義大利麵。

材料

食材
蛋黃 1 顆、煮好的義大利麵 180 克、蒜末 2 克、生薑末 2 克

調味料
動物性鮮奶油 5 毫升、無鹽奶油 15 克、海鹽適量、糖適量、起司粉適量

做法

1. 新鮮的雞蛋只取蛋黃，打散後加入動物性鮮奶油再均勻打散備用。

2. 取一炒鍋，開中大火熱鍋後，放入無鹽奶油，微融化即放蒜末、生薑末、海鹽與糖一同拌炒約 30 秒後，放入煮好的義大利麵（參考 P.115 冷香蒜辣椒麵的義大利麵煮法）繼續拌炒均勻後熄火。

3. 續倒入步驟 1. 的蛋黃鮮奶油液攪拌均勻，撒上乾的起司粉，即完成美味料理。

料理小秘訣

多餘的蛋白可以打散後以細目濾網過篩去筋，以中小火熱鍋，少油潤鍋，待鍋子燒熱後，熄火倒入蛋白蓋上鍋蓋至熟，再裝飾於義大利麵上，也很爽口。

美味關鍵

水果醋與大蒜酥
是人氣麵攤的秘訣

難易度
★
1 人份

不 吃 才 是 傻 瓜

大傻瓜麵

傻瓜麵做法都差不多，這種乾麵只有加醋
跟醬油。有人說是福州乾麵，也有人說之
所以叫傻瓜麵，是因為只有傻瓜才會吃，
但我就是愛傻瓜麵的大傻瓜！

材 料

食材
紅辣椒適量、大蒜酥 3 克、生薑末適量、生
細拉麵 80 克、蔥花適量

調味料
鎮江醋 5 毫升、醬油 2 毫升、麻油適量、水
果醋 3 毫升、沙拉油適量、海鹽適量

做 法

1. 紅辣椒切成圈狀備用。

2. 鎮江醋、醬油、麻油、水果醋、大蒜酥、
   生薑末攪拌均勻冷藏備用。

3. 取一深湯鍋，加入足量的水，開大火煮
   至水滾，倒一點沙拉油與鹽再放入生細拉
   麵，煮滾後再等一分鐘即可撈 起瀝乾水分
   備用。

4. 撒上蔥花與辣椒圈後淋上步驟 2. 的醬料，
   即完成美味的料理。

料 理 小 秘 訣

① 將大蒜酥泡上水果醋與麻油，吃起來就
   是特別不一樣！

② 煮生麵時要掌握好熟度保持 Q 彈，一
   般營業麵店會加入點油與鹽來增加口
   感。生麵好吃，但冷藏保存期限為 2
   天。

③ 若是能加上一匙我自製的「就是醬」
   (P.19)，滋味更是不同凡響。

Part3

回味無窮的
甜品&湯品

甜品和湯品都是我生活的日常,
有時一天就只做一道甜品或湯品,
就能讓我的身心靈滿足!現在換你做看看!

讓客人尖叫的美味
酪梨雞尾酒

難易度
★
1 人份

美味關鍵
壺底油精
的妙用

有次的私廚料理中，VIP 客人飯後意猶未盡，期待我再變出「安可料理」，僅能以當天剩下的食材調味組合，做出這一道放在雞尾酒杯中的料理，沒想到一端出便大受歡迎。

材料

食材
酪梨 1/2 顆、鮭魚卵 1 小匙（可省略）、白芝麻適量、柴魚片適量

調味料
民生壺底油精 1 小匙、客家金桔醬適量

做法

1. 酪梨對半切後去籽，用刀直接劃出「井」字，以小湯匙挖出漂亮的小方塊。
2. 酪梨丁放入雞尾酒杯中，依序倒入壺底油精、客家金桔醬。
3. 再將鮭魚卵放在最上面，撒上白芝麻，最後輕輕放上柴魚片，即完成美味料理。

料理小秘訣

① 這道菜的秘密是採用壺底醬油，如果將雞尾酒杯冰鎮過，更是雙重饗宴。
② 一般市售醬油是以黃豆製成加上糖成深色，壺底油精則是長時間以黑豆自然發酵蔭釀，口感更為濃郁卻甘甜。配方中的壺底醬油也可以改成薄鹽醬油。
③ 客家金桔醬可換成韓國柚子果醬或任何酸酸的果醬類。

這個超推薦！ 民生壺底油精
經營近一甲子，傳承至第二代的「民生醬油食品廠」，選用青仁黑豆釀造，遵循傳統古法製麴、釀造、甕缸日曬發酵，完全不含防腐劑，不加人工醬色，不加糖精，且因總氮量高於國家甲級標準，「民生醬油食品廠」釀造的醬油又稱油精，用來搭配這道料理，有畫龍點睛之效。

難易度
★★★
6 人份

三 重 滋 味 妙 無 窮

芒果班戟

美味關鍵

鮮奶油
要打得好

除了港式餐廳外，很少人能有耐心在家做這道甜點！但是試過之後，也沒有想像中難，而且非常好吃，值得一試！

材料

食材
芒果肉 650 克、全脂牛奶 390 毫升、雞蛋 4 顆、低筋麵粉 150 克、糖粉 40克

調味料
食用色素（黃色 8滴、紅色 4 滴）、動物性奶油 360克、糖粉 10 克

做法

1. 芒果切丁成麻將大小放冷藏備用。

2. 全脂牛奶與雞蛋液放入大碗，將低筋麵粉過篩放入，用手持電動攪拌器以低速攪拌均勻，加入糖粉再次輕輕攪拌，盡量少打出氣泡。滴入色素，攪拌均勻調出明鵝黃色。重複過篩一次，盡可能過濾掉未化開的粉團。

3. 灑幾滴水在小平底鍋中，開大火加熱至水滴蒸發後，用湯勺舀一滿勺步驟 2. 的麵糊放入鍋中，迅速用手搖使其平鋪在平底鍋中，待皮略乾（約 30 秒）即可移動鍋子使其降溫。拿起班戟皮，將皮邊上硬化部分切掉成為長方形。重複此步驟直至麵糊用完。

4. 將鮮奶油加 10 克糖粉用手持電動攪拌器以高速攪拌直到舉起攪拌器時奶油呈尖挺狀。

5. 將步驟 4. 的鮮奶油一大匙放到班戟皮中間，取步驟 1. 的芒果放到奶油上面，上下左右包起做出立體四方形狀，放入冰箱冷藏，即完成美味甜點。

料理小秘訣

① 步驟 2. 拌勻後要確定沒有白點麵團，但也不能打過發，以免產生油水分離現象。要的是綿密口感，禁得住冷藏。

② 選用 24 公分左右的小平底鍋，剛好可以做出適合的班戟皮大小及厚度。

③ 用手掌調整班戟的形狀，盡量成為正方體。放入冰箱前不要緊挨著，要有縫隙才不會黏在一塊。

④ 做這道甜點，在製作班戟皮上要掌握火源的控制，不能過熱導致蛋皮有焦點上色；但離開火源後又要掌握蛋皮要凝固不能仍有殘留液狀，因此需要有點耐心。

難易度 ★★
2 人份

冰 冰 吃 最 好 吃

桂花蓮藕

美味關鍵

圓糯米
用糖水泡隔夜

在上海旅居十年的前幾年,廣姐帶我去靜安區巷子裡的一家蘇浙餐館,嘗到飯後的冰糖蓮藕,驚為天人,連忙請教師傅傳授秘訣。

材 料

食材
圓糯米 25 克、糖 15 克、熟水 300 毫升、蓮藕 250 克、桂花醬 60 克

調味料
海鹽適量、電鍋外鍋水 1,200 毫升

做 法

1. 圓糯米洗淨,加入 15 克的糖、水蓋過糯水,泡水隔夜,翌日再將圓糯米瀝乾水分備用。蓮藕削皮,去一邊的頭要當待會的蓋子備用。

2. 將步驟 1. 的糯米倒入蓮藕氣室孔中,以筷子將糯米塞實,再把蓮藕頭當蓋子闔上去以牙籤固定,平躺在準備好的碗中。

3. 倒入剛好淹滿蓮藕的水,再加入桂花醬與海鹽,放入電鍋。

4. 電鍋外鍋放入水 600 毫升,蓋上鍋蓋蒸煮直至跳起後,外鍋再放一次 600 毫升的水,再蒸煮直至跳起,待涼後以保鮮膜包起放入冰箱冷藏,即完成美味甜品。

料 理 小 秘 訣

① 以往桂花蓮藕傳統做法是依照桂花醬與冰糖來入味,但通常只有入到蓮藕肉而非裡頭的糯米,因此特別用糖水浸泡糯米,讓米也有甜點。如此一來,冰鎮過的桂花蓮藕裡外都入甜味。

② 我試過用乾的桂花與市售的桂花醬做冰糖蓮藕,結論是搭配桂花醬的滋味較好。我想原因之一是冰鎮過後,桂花的甜味在香氣與糖度味覺上會降低些許,如果使用乾燥桂花味道會更淡,因此這道料理使用的桂花醬分量較多,也是這個原因。

③ 蓮藕在冰箱容易竄味,故建議以保鮮膜包起來,要吃的時候再切。

④ 講究一點的可以再加入紅棗一顆在步驟 3. 一塊兒煮,更添鮮美。

難易度
★★
6 人份

綿 密 軟 嫩 的 滋 味

焗烤芋頭布丁

這是我曾經營的甜品店中，甜點師傅的最愛，但也是每家港式甜品店最不願意做的產品，因為耗工而且出餐時間長，不適合現在的速食即飲文化。

材料

食材
蒸好的芋頭 50 克、布丁汁 70 毫升

布丁汁
牛奶 150 毫升、二砂糖 40 克、動物性鮮奶油 220 克、蛋黃 4 個

做法

1. 將牛奶放入單柄鍋中，以中大火煮開，放入二砂糖攪拌溶解，再倒入鮮奶油一起煮，煮開後關火，待涼備用。

2. 將蛋黃液打散，加入已稍涼的步驟 1. 裡攪勻，再放入冰箱冷藏備用（請於 6 小時內用完）。

3. 芋頭削皮後切成碎丁狀，放在烤盅底部，放入電鍋內蒸熟後取出置涼備用。待芋頭涼透後，倒入布丁汁。烤箱先以 220℃ 預熱 5 分鐘。

4. 把步驟 3. 放在烤盤上，入爐烘烤 18 分鐘後，再撒上些許砂糖在表面，以火焰噴槍噴成焦糖。

料 理 小 秘 訣

如果不喜歡芋頭，也可以改成珍珠粉圓或是紅心地瓜替代。但我最喜歡的還是用芋頭。芋頭與焦糖布丁的結合，口感中既有芋頭在口腔味覺中獨特的綿密口感和香氣，輔以芳香的雞蛋布丁細嫩口感，太美妙了！

美味關鍵

加醋讓
口感更滑嫩

難易度
★★
1人份

巧 思 做 甜 點

香草雙皮奶

在香港講究的雙皮奶是使用水牛的牛奶製成，我在東北開店時，雙皮奶也是店裡的招牌呢！

材料

食材
煉奶 2 克、牛奶 150 毫升、香草籽少許、全脂奶粉 2 克、蛋白 20 克、白醋 1 毫升

調味料
白砂糖 12 克

做法

1. 煉奶、白砂糖、牛奶、香草籽放入單柄鍋中，以小火煮到微微冒泡後，加入全脂奶粉拌勻即可熄火。待溫度降到 60℃，即可加入蛋白攪勻，再加入醋。

2. 步驟 1. 以打蛋器攪拌均勻後，用濾網過篩到燉盅或小碗中，以保鮮膜密封，放入電鍋。

3. 電鍋外鍋放入半杯水，入鍋蒸煮至跳起即完成美味甜品，拿出待涼冷藏或熱食均可。

料 理 小 秘 訣

① 煮開的汁溫度降到 60℃左右才加入蛋白，是為了避免初學者打成蛋花，但職業廚師能在滾燙的步驟 1. 中，左右手並用邊倒邊攪勻，這樣蒸的時間更短。

② 加醋是為了不讓雙皮奶凝結，而能保持滑嫩口感。這食譜的做法無法讓表面結成皮，所以採用加醋方式來增加滑嫩口感。如果按原始製作方式，採用水牛奶為原料，得減少蒸煮的時間，才能擁有雙皮效果又具滑嫩感。

難易度
★
2 人份

實 驗 16 次 的 美 味

楊 枝 甘 露

正宗的楊枝甘露有西谷米、椰漿等食材，但是為了讓一般家庭能快速地做出這道甜品，我省略了許多材料、實驗了 16 次以上，才做出現在這最滿意的口味。

材 料

食材
西米露 5 克、愛文芒果 600 克、柚子肉 5 克

調味料
果糖 5 毫升、鮮奶油 20 毫升、雪碧汽水 10 毫升

做 法

1. 煮一鍋水，水滾後將西米露放入煮 8 分鐘，撈起瀝乾置於冰塊中備用。

2. 愛文芒果去核取肉後，1/3 切成骰子大小的小丁，放入冷凍庫備用。2/3 的芒果肉與果糖用食物調理機打成泥，放入玻璃杯中備用。

3. 玻璃杯中加入動物性鮮奶油，再將冷凍好的芒果丁放在表面，再將柚子肉剝開放上。

4. 倒入雪碧，放上西米露，完成美味甜品。

料 理 小 秘 訣

芒果肉若不夠酸，建議再加上 3 毫升的檸檬汁會更有層次。

美味關鍵

七喜
一定要加哦！

難易度
★
2 人份

戀 愛 的 滋 味

情 人 果

好友林家瑋的家中是玉井非常知名芒果專賣店，他家的情人果讓人一吃難以忘懷。回台北之後就試做這道甜品，希望完美複製出好友家的經典美味。

材 料

食材
青的土芒果 600 克

調味料
海鹽 50 克、七喜汽水 500 毫升、白糖 30 克、市售紹興乾酸梅 3 顆、檸檬汁 50 毫升

做 法

1. 芒果洗淨後削皮去核。將土芒果切成條狀，先與鹽拌勻靜置 30 分鐘去苦水後，再洗淨放在冰水中備用。

2. 準備容器，倒入七喜、糖、酸梅與檸檬汁攪拌均勻。

3. 將切片的土芒果置入後，放入冰箱冷藏一天，即完成美味甜品。

料 理 小 秘 訣

① 一定要將土芒果深綠色的皮削乾淨，與鹽拌勻是為了去除苦水。

② 七喜是驚喜，因為有碳酸成分，能夠快速入味。

③ 如果沒有吃完可以分裝冷凍，想要再吃時無須退冰可以直接食用。

④ 青芒果除了做情人果之外，還可以加入百香果，做成「百香芒果青」這道開胃小菜。製作方法是將土芒果去除苦澀味之後，加入適量的百香果及糖，同樣置於冰箱冷藏入味，即可食用。

美味關鍵

食物慢磨機
研磨兩次

難易度
★
2 人份

冷 熱 皆 宜

古早味芝麻糊

香騰騰的熱芝麻糊在冬天是銷售常勝軍。我在吉林開第一家甜品店時，甚至在店門口派個工讀生以小型食磨整天坐在那兒磨芝麻成為汁，一時成為宣傳話題。

材料

食材
黑芝麻 100 克、白芝麻 10 克、米 60 克、水 400 毫升、熟花生 30 克

調味料
白糖 50 克

做法

1. 烤箱以 80℃ 預熱 10 分鐘後，將黑白芝麻入爐烘烤 8 分鐘左右，待白芝麻烘烤到淺咖啡色即可取出備用。

2. 白米隔夜泡好，將所有材料混合倒入食物調理機中絞碎攪拌均勻，再倒入食物慢磨機來回研磨 2 次。

3. 取一湯鍋，倒入步驟 2.，以中小火燒開直到翻滾冒泡即可熄火，過程中不斷攪拌均勻防止燒糊，即完成美味甜品，熱食或冷藏皆宜。

料 理 小 秘 訣

① 煮芝麻糊的過程要不斷加熱直到冒泡，為了防止燒糊要不斷攪拌。

② 以芝麻糊為基底，可延伸做成芝麻糊杏仁茶、芝麻糊豆花、芝麻糊西米露、芝麻糊黑糯米等甜品。

③ 黑芝麻在烤箱裡很難判斷是否烤熟，故放入白芝麻的另一個功能，也是我們在廚房判斷烤熟與否的試金石。

美味關鍵

完整的黑糯米
最Q彈

難易度
★
2人份

夏 天 的 期 待

椰奶紫米糕

小時候每到夏天，我就期待母親做這道美味的點心，龜毛的母親要求紫米一定要蒸到入味但米粒要保持完整，這樣費心的甜點，當然一定好吃！

材料

食材
魚膠粉 15 克、冰粒 100 克、動物性鮮奶油 150 克、酷椰嶼椰奶 150 克、蒸熟黑糯米（紫米）150 克（編註：冰粒是指水中有小冰塊）

調味料
白砂糖 70 克、水 300 毫升

做法

1. 取湯鍋，加入水，煮開後熄火加入白砂糖，再分次將魚膠粉加入攪勻，每次加入都要攪勻再加下次魚膠粉。

2. 加入冰粒（如果冬天則用水）使步驟 1. 迅速降溫。再將酷椰嶼椰奶加入，用打蛋器輕輕攪勻。

3. 續加入黑糯米，混勻後倒入分裝的小布丁盒，用保鮮膜密封，放入冰箱冷藏到成型，即完成美味甜品。

料 理 小 秘 訣

① 這裡的紫米用的是黑糯米，將黑糯米泡隔夜後蒸熟，取 150 克來做。

② 要吃的時候，取 50℃左右的熱開水倒入碗中，將冷藏好的椰奶紫米糕放入熱水 5 秒即可脫模。

③ 酷椰嶼椰奶採用泰國種植的香水椰子水及椰奶製成，果香濃郁，有著淡淡的芋香味道，用來製作此道甜點，非常加分。

美味關鍵

加了
神奇的昆布

阿 嬤 家 的 好 味 道

古早味綠豆沙湯

綠豆沙與綠豆湯的分層口感，綠豆軟嫩
但完整的形狀，這些都是成就一碗營業
用的完美綠豆湯的重點。

材料

食材
魔味北海道根昆布 30 克、綠豆 250 克、水
600 毫升

調味料
白砂糖 30 克

做法

1. 昆布洗淨浸泡 5 分鐘後擠乾水分備用。

2. 綠豆清洗後與昆布、水放入壓力鍋內。壓
   力鍋開中大火，上氣後轉小火 12 分鐘後
   熄火，待自然下氣，鍋內無氣壓後，方可
   打開蓋子。

3. 撈出昆布，加入白砂糖攪拌均勻，將 2/3 的
   綠豆放在粗的濾網上，以飯勺或湯匙按壓，
   將豆沙濾出，剩餘在粗濾網的豆皮捨棄。

4. 將剩下 1/3 未過濾的綠豆和過濾好的豆沙
   組合，輕輕攪拌均勻，回到常溫後冷藏。

料理小秘訣

① 配方中加入昆布，是取其隱
   藏的鮮味與些許的鹹味，吃
   起來的口感更富層次。

② 取 2/3 的豆沙與 1/3 未過濾
   綠豆，入口是濃濃的綠豆味，
   非常吸引人。

③ 我個人很愛使用魔味這款來自日本的北海道根昆
   布，它可拿來做這道甜品，也可製作「天然味
   精」（P.147）。每條昆布的根段只有前 30 公
   分，非常珍貴。富含濃郁風味和營養價值的根
   昆布，適合熬湯、拌炒、涼拌，而且只要稍微
   用水清洗即可、不需浸泡，非常好用。

與其說對自己的料理
永遠不滿意，
應該說我對自己的料理
沒有安全感！
在設計任何料理前，
我總是從備料
到服務生端到客人桌上後，
揣摩最後放進口中的風味。
希望他會吃出
我在這一路上所嘗、
所看最幸福的料理，

我，熱愛料理，
我，是廣宏一！

難易度 ★
2 人份

寒 冬 裡 的 溫 暖

巴 西 蘑 菇 雞 湯

美味關鍵
米酒與
無鹽奶油
添鮮味

因為從小養成的習慣，我是三餐都要喝湯的人，而且還會因應主餐來搭配。巴西蘑菇雞湯是我睡前或是寒冷冬天一早起來，最喜歡喝的湯。

材料

食材

洋蔥 1 顆、大蒜仁 10 顆、帶骨雞腿 300 克、水 800 毫升、乾燥的巴西蘑菇 10 朵、海蛤蜊 5 顆、無鹽奶油 15 克

調味料

草果 1 顆、白胡椒粒 6 克、桂皮 3 克、月桂葉完整的 3 片、八角 1 粒、小茴香 2 克、乾香菜籽 6 克、海鹽適量、米酒 20 毫升

做法

1. 洋蔥切絲、蒜仁拍扁不需切碎備用
2. 帶骨雞腿洗淨後，取一湯鍋，放入可以蓋過雞腿的水，開中小火汆燙雞腿。汆燙後洗淨，放入另一加了 1,500 毫升冷水的湯鍋中，與步驟 1. 的食材，一起以中大火熬煮。
3. 草果拍裂後，與白胡椒粒、桂皮、月桂葉、八角、小茴香、乾香菜籽，一起包入滷包放進湯裡。待湯熬煮半小時後，放海鹽與洗淨的巴西蘑菇，轉小火再熬煮半小時，放入海蛤蜊煮到開殼就熄火。
4. 熄火後倒入米酒與無鹽奶油攪拌均勻，即完成美味料理。

料 理 小 秘 訣

① 巴西蘑菇風味極為特殊，很容易搶過食材或湯頭的味道，但此道湯的主角即是巴西蘑菇，故分量用到 10 朵。

② 步驟 4. 中加入米酒與無鹽奶油，是這道菜美味的秘訣，尤其是無鹽奶油與海蛤蠣是日式高級料理不能說的秘密，絕對讓你意猶未盡。

③ 湯要熬到雪白有很多種方式，老師傅常說：「兩隻腳的要加四隻腳的，四隻腳的要加沒有腳的！」舉例來說雞架、雞腳還要加豬大骨或牛骨，豬骨或牛骨還要加大海裡的才會鮮，例如蝦米（開陽）、干貝或是新鮮的蛤蜊。

④ 大火或是壓力鍋皆可以加速骨頭迅速熬出；餐廳裡為了加快速度與降低產出的耗損，通常會把骨頭敲碎後，再用烤箱烤熟才放入熬湯。

料理人
行話

汆燙

是將肉類放在冷水（須淹過肉類）中，開中小火逐漸將食材加熱，讓食材內部的雜質慢慢浮出水面，直到水滾且鍋中冒出大量白色綿密泡泡（肉類內部的雜質）時，將雜質撈起，再轉小火直至食材血塊在水裡成為咖啡色時，撈起食材沖涼水洗淨備用。

難易度
★★
2 人份

我百喝不膩的湯
醃篤鮮

美味關鍵

**不能說的秘密
是奶粉**

每年十月大閘蟹上市後，天氣已經開始冷起來，這時幾乎家家戶戶沒事都會煮一鍋，據說也是治感冒的祛寒聖品。

材料

食材

排骨 120 克、帶皮五花肉 100 克、冬筍 30 克、金華火腿 30 克、市售雞高湯 1,000 毫升、小干貝 1 顆、松茸菇適量、香菇 2 朵、牛老大特級全脂奶粉 15 克、百頁結 3 朵、洋蔥絲 1/2 顆

調味料

紹興酒 50 毫升、米酒 50 毫升

做法

1. 排骨、五花肉、冬筍汆燙，金華火腿切片備用。

2. 取一砂鍋放入雞高湯，即放入排骨與冬筍，從冷湯時下鍋。金華火腿切片後放入，直到湯滾後轉小火煨 2 小時。

3. 帶皮五花肉切片後放入步驟 2. 鍋內再次轉中大火，湯滾後熄火再燜 1 小時。隨即放入洗淨的小干貝、松茸菇、香菇與紹興酒和米酒後，轉小火煨 30 分鐘。

4. 放入奶粉與百頁結和洋蔥絲，轉中大火 30 分鐘後即可熄火，完成美味料理。

料 理 小 秘 訣

① 「篤」在上海話之中的意思就是燉，而「醃」就是指醃過的肉，「鮮」則是指新鮮的肉。此道菜嚴格來講，已經不能算是湯而是道主菜了，但上海人仍然把它視為秋冬必喝的湯品。

② 這道菜不須放鹽，只用金華火腿來提鹹味兒，故金華火腿洗淨後即可入湯。

③ 排骨汆燙後如果再進烤箱烤，湯會更香同時減少高湯的損耗。

④ 五花肉可在熬煮第二個小時加進去，肉才不會因為熬煮過久而軟爛；干貝、松茸菇可在第三個小時入鍋，此時湯已有鹹味，加了干貝及松茸菇，可提升鮮美層次。百頁結與洋蔥可於起鍋前半小時再放，是為了鮮甜與上色。

這個超推薦！ 這道湯品之所以美味，加入的奶粉絕對是秘密武器。我選擇牛老大特級全脂奶粉，因為它採用最先進的尖端科技生產設備生產，不添加任何添加物由新鮮無汙染的全脂生乳低溫殺菌（巴氏殺菌）後，噴霧乾燥而成，讓人一吃驚艷，拿來做優格、奶茶、冰淇淋也超棒！

難易度 ★
4 人份

再 經 典 不 過 的 湯

奶油雞茸玉米湯

美味關鍵

馬鈴薯
是濃郁口感
的秘密

Part3

回味無窮的甜品&湯品

這是自己在私廚示範時，讓大家讚不絕口的雞茸玉米湯，雖然比一般速成的玉米濃湯麻煩些，但是做出來的成果會讓人欲罷不能。

材料

食材
蒜仁6顆、洋蔥1/2顆、馬鈴薯1顆、雞胸肉片100克、有鹽奶油適量、玉米粒罐頭200克、起司絲10克、蛋黃1顆

調味料
海鹽適量、市售雞高湯400毫升、白美娜濃縮牛乳100毫升

做法

1. 蒜仁切片、洋蔥逆紋切絲、馬鈴薯切成指甲大小丁狀、雞胸肉切塊備用。

2. 取一深炒鍋，以中小火熱鍋，放入有鹽奶油加熱至半融化時，放入蒜仁爆香成淺金黃色，再放入洋蔥絲與馬鈴薯塊繼續拌炒約2分鐘，再放入玉米粒與海鹽後，轉中大火，倒入雞高湯繼續加熱到滾，再放入雞胸肉片塊煮到滾後熄火。

3. 放入起司絲、蛋黃及白美娜濃縮牛乳，以食物調理棒在鍋內打勻，或倒入耐高溫的食物攪拌機內高速攪拌直到細緻，即完成美味料理。

料 理 小 秘 訣

① 沒有白美娜濃縮牛乳，可以將雞高湯改為450毫升加動物性鮮奶油50毫升代替。

② 馬鈴薯是為了增加濃郁口感，許多歐式濃湯裡也常會加入馬鈴薯。雞胸肉片也可以改用雞胸絞肉。

③ 如果要大量製作，步驟2.湯基底可分裝冷凍。在沒有碰到生水、無菌降溫正常狀況下，至少可保存1個月以上。然後鮮奶油與蛋黃在冷凍後第二次加熱時再加入。

這個超推薦！

很多人用鮮奶油來製作這道湯品，但我個人覺得使用白美娜濃縮牛乳滋味也很棒！它是由德國原裝進口，市面上唯一百分之百生乳濃縮乳，非乳粉還原，無添加劑，可常溫保存。

如果想要少量製作這道湯，牛奶鍋是很好的選擇。SIEGWERK 德國琺瑯牛奶鍋以復古的設計風格及頂級琺瑯原料，打造精品級琺瑯鍋具。它不含鎳及重金屬且可保留食材原汁原味。

難易度
★★
1 人份

最 滿 足 的 一 道 湯

法 式 洋 蔥 湯

美味關鍵

耐心不斷
翻炒洋蔥

小時候在美國，我很愛喝法式洋蔥湯。從未忘記每回在波士頓法式餐館中，從洋蔥湯裡挖出來那一勺，有麵包有焗烤的起司，還有細細深咖啡色洋蔥的滿足。

材 料

食材
洋蔥 1 顆、隔夜乾掉的法棍麵包 1 片、市售雙色起司絲適量

調味料
有鹽奶油適量、海鹽適量、白葡萄酒適量、市售雞高湯300 毫升

做 法

1. 取一炒鍋，開中小火熱鍋，放入有鹽奶油，及順紋切絲的洋蔥，為避免黏鍋要不斷翻炒直至洋蔥絲呈現淺咖啡色。

2. 將海鹽、白葡萄酒加入，繼續翻炒直到洋蔥絲漸融化，再加入雞高湯，轉小火煨煮 3 分鐘。烤箱以 220℃預熱10 分鐘。

3. 將步驟 2. 的洋蔥絲與鍋內湯汁倒入耐烤的器皿中，放入整片的法國麵包片（如果容器太小則對半切放入）。撒上雙色起司在麵包上，放入烤箱上層烘焙約 25 分鐘，直至起司融化即完成美味料理。

料 理 小 秘 訣

① 耐心不斷翻炒洋蔥直至咖啡色，是此道菜的關鍵，洋蔥炒至咖啡色能釋放出洋蔥的甜味，完全沒有原來的辛辣感。

② 在法國，許多餐館是用自製的牛骨高湯，但我改以雞高湯，口感更不膩口。

料理人
行話

順紋切
順著洋蔥紋路的切法，得以保留洋蔥的纖維，大火快炒順紋切的洋蔥，可以享受它脆脆的口感；而想要燉洋蔥湯，用順紋切法切大塊些，也不易融化掉。

美味關鍵

高湯
比清水有滋味

綿　密　好　滋　味

牛肝菌蘑菇濃湯

濃湯在中古世紀的歐洲不只是湯，更是在寒酷冬天主要溫飽的主餐。濃湯既可軟化麵包也可以暖和身體維繫生命，延續到至今的歐洲飲湯文化到全世界。

材　料

食材
無鹽奶油 30 克、洋蔥絲 1/2 顆、蒜仁 8 顆、馬鈴薯塊 300 克、白蘑菇 8 朵、市售雞高湯 300 毫升、牛肝菌 3 片

調味料
黑胡椒粉適量、海鹽適量、動物性鮮奶油 50ml

做　法

1. 取一炒鍋，開中大火，放入無鹽奶油，半融化時放入逆紋切的洋蔥絲與蒜仁粒，炒香後放於鍋的另一邊。

2. 將馬鈴薯、整朵白蘑菇放在炒鍋另一邊拌炒，待呈現金黃色且開始黏稠時倒入雞高湯，煮至大滾。續放入牛肝菌後繼續烹煮約 3 分鐘呈現軟化後熄火，加入黑胡椒粉與海鹽，以食物調理棒攪打至呈細緻狀態。

3. 再開中大火，將食材持續攪拌避免糊化，約 1 分鐘熄火，倒入預食用的器皿。順時鐘倒入鮮奶油拉花，即完成美味的湯品。

料 理 小 秘 訣

這道濃湯不須過度爆香搶味，用一鍋兩炒配合相同時間烹調的食材最適合不過，只要移動鍋子避免同一火源過度烹煮食材，就能煮出美味又可以少洗一個鍋具。

料理人
行話

逆紋切
洋蔥對半切後，紋路線條與刀子呈現垂直狀。逆紋切的洋蔥能切斷纖維，經過長時間加熱拌炒，讓洋蔥味道變甜。逆紋切洋蔥在製作生菜沙拉時，較不辣口。

Part4

經典不敗
調味醬料 & 高湯

為你獻上我最經典的調味料與高湯，
有了它們，你的料理會更出色！
花一點時間、多一點工序，
為你的料理更添些許美味！

美味關鍵

糯米
一定要泡過

難易度
★
2 人份

肉 類 好 朋 友
蒸 肉 粉

自己做蒸肉粉雖然很麻煩，但卻可以做出屬於自家個性的好味道，
進而做出獨家的粉蒸肉料理！

材 料

食材
糯米 70 克

調味料
八角 2 粒、茴香 2 克、香葉 2 片、
桂皮 2 克、丁香 1 克、乾辣椒 1 克、
花椒 1 克、海鹽適量、冰糖 1 克

做 法

1. 糯米洗淨，以熱水泡發 2 小時，
   瀝乾備用。

2. 取一炒鍋，開中大火熱鍋，不
   放油，將瀝乾的糯米倒入鍋中翻
   炒，直至呈淺金黃色。

3. 轉小火，依序加入八角、茴香、
   香葉、桂皮、丁香、乾辣椒，繼
   續翻炒 30 秒。

4. 關火，放入花椒與海鹽後拌炒
   一下，將炒好的料全部放入研磨
   機，加入冰糖，研磨成粉，即完
   成美味的蒸肉粉。

料 理 小 秘 訣

① 蒸肉粉的主料是糯米，是將食材與調味料黏著一起
   的媒介，所以使用研磨機時務必注意以手動瞬打來
   控制顆粒的大小。我是打成 20 目左右，大約是一
   般粗目濾網孔眼的大小。

② 台灣的糯米分圓、長兩種，兩者都可以使用，圓糯
   米做出來的粉蒸肉較黏稠；長糯米則較耐蒸。

③ 除了糯米，也可以選用長米，以常溫水蓋過長米泡
   隔夜，即可使用。

難易度
★★
2人份

必學的獨家香料
天然味精

我一直很沉迷醬、粉類的研發自製，除了自身愛吃之外，更重要的是吃得健康還要幸福美味，這才是身為餐飲工作者的責任。

材料

食材
小珠貝 6 顆、S&B 北海道魔味根昆布 5 公分、小乾香菇 1 朵、乾燥巴西蘑菇 2 朵、丁香魚乾 4 尾、柴魚片適量、櫻花蝦 10 克

調味料
冰糖適量、海鹽適量

做法

1. 烤箱以 180℃預熱 15 分鐘。

2. 將小珠貝、S&B 北海道魔味根昆布、小乾香菇、乾燥巴西蘑菇洗淨後，泡水 20 分鐘再擠乾水分，與丁香魚乾一起放入烤箱烘烤 40 分鐘左右至乾熟，待涼備用。

3. 將步驟 2. 乾燥過後的食材折碎或剪碎。

4. 取一炒鍋，不放油開中小火，將步驟 3. 的食材放入，再次拌炒確定水分完全乾透後，熄火放入柴魚片、櫻花蝦、冰糖、海鹽拌勻，放入食物調理機打成粉末，即完成美味的天然味精。

料理小秘訣

① 步驟 2. 的食材除了要注意避免烤焦以外，還得要乾燥，用手撕就可以感覺食材是否還有水分。

② 我也會將新鮮的蘑菇或是小蕃茄一起加入烤乾，不過新鮮的材料水分較多，得用 60℃的低溫，烘烤至少 100 分鐘，甚至更久。

難易度 ★
4 人份

天 天 吃 也 不 膩
金牌咖哩醬

美味關鍵

黑豆鼓豐富了
鹹香滋味

台北某市場裡有家便宜又好吃的咖哩，有一回我厚著臉皮向老闆請教如何做出便宜又好吃的咖哩，沒想到老闆真的肯教。這道料理我借花獻佛，也分享給你們。

材 料

食材
大蒜仁 10 粒、生薑末 10 克、洋蔥 1 顆、馬鈴薯 1 顆、紅蘿蔔半根、西芹 1 根、牛蕃茄 1 顆、黑豆豉 10 粒

調味料
沙拉油 20 克、無鹽奶油 40 克、市售雞高湯 80 毫升、S&B 金牌咖哩塊 60 克、鮮奶油 30 毫升、起司粉適量

做 法

1. 大蒜仁拍碎、生薑切成細末、洋蔥切碎、馬鈴薯去皮滾刀切塊、紅蘿蔔切段、西芹去老梗絲後切段、牛蕃茄滾刀切塊備用。

2. 取一炒鍋，倒入沙拉油，開中小火，待油稍微熱時即可放入無鹽奶油，隨即放入蒜仁、薑末及黑豆鼓，拌炒至香味明顯。

3. 再放入洋蔥、馬鈴薯及紅蘿蔔，繼續拌炒至食材軟化，轉中大火倒入高湯。續加入西芹段及牛蕃茄塊，轉中小火，加入 S&B 金牌咖哩塊攪拌均勻後，倒入鮮奶油拌勻。

4. 將步驟 3. 炒鍋內的咖哩食材倒入食物調理機，選擇瞬打功能，每次持續 3 秒並且適度以湯匙攪拌，打到成為泥狀為止，即完成美味料理。食用時再撒上起司粉。

料 理 小 秘 訣

① 咖哩嚴格說來，只是咖哩淋醬。拿來拌飯就很好吃，如果再炸上一塊豬排，就更完美了。

② 如果沒有額外要炸豬排或其他肉類的烹調的話，也可以將絞肉加入，增添咖哩的醇厚度。

③ S&B 金牌系列的咖哩塊很適合來做這道咖哩醬，它使用植物油，不含動物性原料及牛油，更以數十種天然香辛料精心配製而成，有甜味、中辣、辣味及大辣 4 款可選。

難易度
★
4 人份

九 層 塔 出 頭 天

美味關鍵
辣味花生
替代松子更好吃

百 搭 青 醬

大家多用松子來增加青醬的香氣，我試過許多堅果類想增加隱藏的口感，沒想到用了「辣味花生」，竟然做出我最想要的口味！

材料

食材
芹菜 2 根、九層塔 600 克、辣味花生 25 克、去子黑橄欖 25 克、雙色起司絲 200 克、油漬鯷魚 50 克、綠蘆筍 2 根

調味料
橄欖油 500 克、檸檬汁 25 毫升

做法

1. 芹菜洗淨連同葉子剁碎、九層塔將葉片取下，洗淨備用（約只剩 180 克左右）。

2. 烤箱以 180℃預熱 10 分鐘，將辣味花生放入烘烤 10 分鐘取出待涼備用。

3. 將步驟 2. 的辣味花生、黑橄欖、雙色起司絲、油漬鯷魚（連同罐頭裡的油）、芹菜碎，與綠蘆筍、檸檬汁放入食物調理機內。

4. 橄欖油分批加入，以瞬打模式慢慢攪打成泥。

料 理 小 秘 訣

① 用辣味花生替代常見的松子更好吃。市售的花生烤過之後會更香，但一定要待涼後才能組合使用。同樣溫度的食材組合起來才能避免變質的風險。

② 青醬除了可以按照自己口味百搭以外，最常見的是青醬燉飯、焗烤海鮮青醬燉飯、焗烤螺肉盅、青醬海鮮義大利麵，甚至可以沾著薯條吃都美味。

圖片提供 /Celine Liao

<table>
<tr><td>難易度 ★★</td></tr>
<tr><td>2人份</td></tr>
</table>

原 來 醬 這 麼 難

獨 門 沙 茶 醬

美味關鍵

扁魚是
最佳女主角

原本是為私廚客人自製沙茶醬，客人要求我可否拍成料理影片，沒想到一貼出竟有百萬瀏覽點閱，才發現台灣人最熟悉的沙茶醬，很多人不知道如何自製。

材料

食材
扁魚 220 克、紅蔥頭 150 克、蒜頭 100 克、蝦皮 50 克、蝦米 100 克、辣味花生 60 克

調味料
五香粉 35 克、月桂葉 8 片、沙拉油適量

做法

1. 烤箱以 200℃預熱 10 分鐘。

2. 扁魚去刺、剪碎，放入烤箱烤到易碎狀態（約 20 分鐘）備用。

3. 熱鍋倒入沙拉油，開中大火放入紅蔥頭、蒜頭爆香到金黃色。

4. 轉小火，再放入蝦米、蝦皮、月桂葉與步驟 2. 的扁魚，再次翻炒約 1 分鐘即可熄火。在鍋中加入辣味花生與五香粉拌炒後，連同沙拉油一起倒入調理機打碎，即完成美味沙茶醬。

料 理 小 秘 訣

① 扁魚是這款沙茶醬的最佳女主角，缺她不可。

② 建議使用較深的炒鍋，才能放入夠多的沙拉油。沙拉油為沙茶的介質，放入的多寡視方便將食材打成泥即可。

③ 自製的沙茶醬比市售的香非常多，可用於乾拌麵、水餃沾醬，甚至是與高湯混合即成為沙茶火鍋。

涮嘴的醬料
鷹嘴豆泥

難易度 ★
1 人份

美味關鍵
黃咖哩粉與檸檬汁的調味引出古老的豆子風味

鷹嘴豆是豆中之王，蛋白質含量最高，更是歐洲歷史最悠久的單一食材佳餚。我超愛鷹嘴豆泥沾醬，它可以下酒、沾薯條，甚至墨西哥捲餅都可以，是百變的應用醬料。

材料

食材
市售鷹嘴豆罐頭 400 克、蒜仁 2 顆

調味料
檸檬汁 5 毫升、橄欖油 40 毫升、黃咖哩粉適量、海鹽適量

做法

1. 將市售鷹嘴豆罐頭倒入碗中，濾掉罐頭的湯汁後備用。
2. 蒜仁切碎後與檸檬汁、橄欖油、黃咖哩粉加入步驟 1. 的碗中。
3. 放入攪拌機攪拌成泥狀後，視各家現成鷹嘴豆的鹹度酌量加入海鹽。

料理小秘訣

① 市售的鷹嘴豆大都是已加鹽調味且泡軟，如果想要買現成乾的鷹嘴豆自製鷹嘴豆泥，就需要泡水一個晚上，再稍微煮熟待涼。

② 很多國外的鷹嘴豆泥配方會加入中東芝麻醬（TahiniPaste），它是將白芝麻烘焙過讓香味較有層次。但如果買不到中東芝麻醬，也可以用麻醬麵用芝麻醬拿來替代。但我喜歡不加芝麻醬的版本。

③ 建議橄欖油可以多放，這樣在冰箱冷藏的時間可以油封保存長達一週。

難易度
★★
2人份

有 內 涵 的 香 料 油

風味草果香油

美味關鍵

草果
必須要開殼

草果油一直是歐式料理常見的料理油，但我們老祖宗早就在紅肉燉湯裡廣泛運用，也會以拍裂的草果來爆香引出香味，我很愛這淡淡優雅卻渾厚的微辛辣香味。

材料

食材

草果3顆、肉豆蔻6粒、月桂葉2片、陳皮適量、沙拉油200毫升

工具

300毫升寬口耐熱瓶

做法

1. 寬口耐熱瓶消毒後備用。

2. 草果略拍後與肉豆蔻、月桂葉、陳皮放入消毒後的瓶子。

3. 將沙拉油燒至150℃後熄火，倒入步驟 **2.** 的瓶子中，待沸騰的油降溫至常溫後，將浮在油上的肉豆蔻、月桂葉與陳皮撈起丟掉。草果在靜置油中2天後即可使用。

料 理 小 秘 訣

① 草果非常適合搭配深色的肉湯或是辣椒油，搭配任何紅肉類料理都非常適合。製作時記得一定要將草果拍開。

② 風味油有以半炸、小火乾煎、燙油等不同方式，在此分享的是比較簡單清爽風味又容易製作的香料油。

③ 油溫溫度如何判斷？將蔥白段放入油鍋中，蔥白不動但周遭起小泡泡大約是100℃左右；當蔥微焦轉圈圈時，已接近150℃高溫了。請見P.45「老皮嫩肉」做法2。

美味關鍵

使用三種不同
的辣椒才有層次

難易度
★
2人份

家 庭 必 備
自 製 辣 油

從小腸胃不好也不敢吃辣，直到當兵時學長慫恿我試了沾滿紅澄澄的辣椒油的餃子後，從此愛上那油漬辣椒籽的風味。

料 理 小 秘 訣

① 這款辣油適用於所有中式料理，只要喜歡辣都可加入！

② 使用三種不同的辣椒才有層次，雞心椒在傳統市場可以買到。

③ 也可以用椰子油來製作，但建議選擇有機、冷壓初榨的椰子油較佳，像是「酷椰嶼 100% 有機冷壓初榨椰子油」就是不錯的選擇。

材 料

食材
朝天辣椒 5 根、大辣椒 3 根、雞心辣椒 2 根、白芝麻適量、沙拉油 350 毫升

調味料
白糖酌量

工具
300 毫升 耐熱寬口瓶

做 法

1. 煮一鍋水，水滾後，放入耐熱寬口瓶消毒，待涼擦乾。

2. 朝天辣椒、大辣椒、雞心辣椒洗淨後，去頭尾切 1 公分段，放入消毒後的瓶子裡，撒上白芝麻與白糖。

3. 炒鍋開中大火，倒入沙拉油煮至油溫達 150℃左右後熄火，慢慢倒入步驟 2. 的瓶子裡，待涼不再冒煙後靜置 1 小時，即完成美味辣油。

難易度
★
2人份

溫 柔 的 辣

水 果 剁 椒

美味關鍵

橘子果醬是
辣椒的好朋友

我喜歡自己做剁椒，它的運用範圍非常廣泛，可以做沾醬，也可以拿
來蒸魚、醃雞或豬肉都很搭！

材料

食材
紅甜椒 400 克、朝天椒 30 克、橘
子果醬 60 克、豆豉 25 克、大蒜
30 克

調味料
白葡萄酒 30 毫升、沙拉油 30 毫
升、海鹽適量、糖適量、白芝麻適
量、紹興酒 10 毫升、魚露 5 毫升

做法

1. 紅甜椒與朝天椒切小塊，以果
   汁機（或均質機）打成泥，再
   加入橘子果醬再打勻，放入夾
   鏈袋置於冰箱冷藏 3 天。

2. 豆豉泡白葡萄酒一個晚上，與
   蒜打成泥備用。

3. 取一炒鍋，開中小火熱鍋，加
   入約 5 毫升沙拉油，將冷藏 3
   天的水果剁椒與步驟 2. 炒到水
   分漸少。續加入海鹽、糖、白芝
   麻、紹興酒、魚露，炒拌均勻。

4. 將剩餘的沙拉油倒進鍋內，加
   熱至稍微起泡即可熄火裝瓶。

料 理 小 秘 訣

① 我試過如果在 1℃左右的真空保鮮室中，可以讓剁
  椒發酵到 2 週風味更佳。

② 選用市售橘子果醬即可。製作剁椒時，可以加入水
  果來加速發酵及增加甜味。我試過藍莓甚至草莓果
  醬，效果都不搭，只有橘子果醬與蘋果果醬適合搭
  配剁椒的辣，而且顏色好看。

難易度 ★

2人份

兒 時 的 記 憶

泰順街炸醬

美味關鍵

豆乾丁
要過油

我小時候住在泰順街，那一帶幾乎都是日式平房，住戶以老國代、立委還有台大教授為主，大多相互認識，而且每一家的炸醬幾乎都是同一個口味，很有趣！

材 料

食材
蔥 2 根、朝天椒 1 根、紅蔥頭 3 瓣、乾蝦米 10 克、五香豆乾丁 3 片、梅花絞肉 100 克

調味料
沙拉油適量、生薑末 5 克、八角 1 粒、甜麵醬 10 克、豆瓣醬 10 克、紹興酒 10 毫升

做 法

1. 蔥洗淨後切成：蔥葉及蔥白。蔥葉切成蔥花，蔥白留下 6 公分且帶鬚備用；朝天椒、紅蔥頭、乾蝦米洗淨後擦乾均切成末、五香豆乾切成骰子大小的丁。

2. 取一炒鍋，開中大火後，倒入沙拉油，冷油時即下步驟 1. 的蔥白帶鬚與五香豆乾丁爆香到金黃色即可以撈起。

3. 同炒鍋轉中小火，放入生薑末與八角爆香，加入朝天椒、紅蔥頭末與乾蝦米拌炒後，再加入梅花絞肉翻炒到絞肉呈金黃色，置於炒鍋一邊備用。

4. 炒鍋另邊放入甜麵醬與豆瓣醬，炒香後與絞肉混合均勻，放入豆乾丁拌炒後加紹興酒，熄火加入蔥花，即完成美味料理。

料 理 小 秘 訣

① 梅花絞肉選擇 3 肥 7 瘦，滋味最佳，乾蝦米洗乾淨後不能發，否則過油後就會有脆硬的口感。

② 老眷村的吃法重油重鹹，因此豆乾丁通常要過油，除了較有飽足感以外，那時資源匱乏，豆乾過油後較有肉的感覺。

③ 這炸醬煮好後恢復常溫再進冷凍，可保存 3 個月；冷藏則建議 3 天內食用完畢。

難易度
★★
2人份

怎　麼　吃　都　不　膩

迷迭香梅子油封蕃茄

美味關鍵

小蕃茄
要先烤過

義大利油漬蕃茄是很經典的料理，但在經典料理中找到自己喜愛的風味，是我幸福的功課。

料理小秘訣

① 蕃茄需要先烤過，滋味更棒。

② 油封蕃茄可以直接吃，搭配義大利麵的裝飾佐料也很棒，或是使用油漬蕃茄的油來炒十字花科等各式花椰菜最美味。常溫可保存 1 週，盡快食用完畢。

③ 不建議使用乾燥迷迭香，因為乾燥的迷迭香無法耐得住高溫油，遇到高熱會直接焦化。

材料

食材
小蕃茄 15 顆、新鮮迷迭香 3 株、酸梅 1 顆

調味料
海鹽適量、沙拉油 280 毫升

工具
300 毫升耐熱玻璃寬口瓶子

做法

1. 小蕃茄洗淨對切一半，先均勻撒上海鹽，置於鋪了烘焙紙的烤盤上，再撒上一次海鹽備用。

2. 烤箱 180℃預熱 10 分鐘後，轉 120℃放入步驟 1. 的小蕃茄，視烤箱大小功能烤到脫水（約 80 分鐘）。

3. 將脫水的小蕃茄與新鮮迷迭香放入消毒後的玻璃瓶，再放入酸梅。

4. 取一小鍋，放入沙拉油，開中大火，將油熱到 100℃後熄火，倒入步驟 3. 的玻璃瓶中，約 30 分鐘後，將已呈深咖啡色的迷迭香與酸梅取出，待涼透後，蓋上瓶蓋置於常溫約 1 天，即完成美味料理。

蒸　魚　專　用

萬用清蒸魚醬

美味關鍵

大蒜
一定要用拍的

這道是分享萬用零失敗的魚醬料，專為蒸魚使用，能將魚料理提升到另一個完美層次。

材料

食材
香菜 20 克、大蒜 5 克、大辣椒碎
1 根

調味料
市售雞高湯 30 毫升、白砂糖 1 克、
黃砂糖 1 克、海鹽 1 克、新鮮檸檬汁
3 毫升、綠檸檬片 1 片、魚露 2 毫升

做法

1. 香菜連梗帶葉洗淨後切碎、大
   蒜以刀拍後再切成末、大辣椒去
   蒂去尾後切成末備用。

2. 市售雞高湯微微加熱後，熄火
   加入白砂糖、黃砂糖、海鹽、大
   蒜末與大辣椒末，待涼備用。

3. 香菜碎與檸檬汁、檸檬片和魚
   露加入步驟 2. 後，冷藏 30 分鐘
   後拿起檸檬片繼續冷藏，即完成
   美味的蒸魚醬。

料理小秘訣

① 冷藏過的萬用魚醬汁淋在熱騰騰的剛蒸好的魚，這時醬汁會把魚味帶到另一個層次。

② 大蒜碎以拍的香味更明顯，所以量可以酌量使用。綠檸檬片一旦泡在水裡超過半小時就
　 會苦，如果是黃檸檬則沒這問題。

③ 新鮮的海魚本身不調味全依靠醬汁更有層次，如果是使用淡水魚，因為魚肉較腥，建議
　 蒸完第一輪先將魚湯汁倒掉，再淋上蒸魚醬，能完全凸顯魚鮮甜的滋味。

難易度 ★★ 2 人份

滷 肉 的 好 朋 友

常備滷肉汁

美味關鍵

古早釀法
壺底醬油與黑豆豉
是鹹香來源

有回我單純想設計一道絕美味滷蛋的料理，嘗試了幾次發現只有五香或醬香的味道，才發現原來五花肉的醇厚香味才是滷汁關鍵。

材料

食材

蔥 2 根、洋蔥 1/2 顆、蒜仁 5 粒、豬絞肉 200 克

調味料

八角 3 粒、丁香 1 克、桂皮 2 克、小茴香 2 克、花椒 2 克、黑豆豉 10 粒、朝天椒 1 根、民生壺底油精 75 毫升、冰糖 20 克、可口可樂 300 毫升、台灣啤酒 500 毫升、紹興酒 30 毫升

做法

1. 蔥只取蔥白部分留鬚、洋蔥滾刀切塊、蒜仁拍過備用。
2. 取一炒鍋，開中小火熱鍋，不放油直接爆香豬絞肉（3 肥 7 瘦比例）把油煨出來。
3. 步驟 1. 放入熱鍋中持續爆香，直到絞肉呈金黃色熄火備用。
4. 將八角、丁香、桂皮、小茴香、花椒、黑豆豉與去頭去尾的朝天椒一起放入電鍋內鍋中，倒入壺底油精、冰糖、可口可樂與台灣啤酒後，將步驟 3. 的食材連同油一起倒入。
5. 外鍋第一次先放 300 毫升水後，跳起後再放一次外鍋 300 毫升水（外鍋總共放 2 次 300 毫升的水）。跳起來後加入紹興酒，即完成美味滷肉汁。開保溫放置隔夜，再放入喜愛的食材一起滷製。

料 理 小 秘 訣

① 古早釀法的民生壺底油精與黑豆豉是鹹香的來源，極力推薦！
② 朝天椒之所以不切斷是不希望辣搶過味。
③ 我也有開發純古法 258 天的日曬曬純天然釀醬油，滋味更香醇。
④ 常備滷肉汁若加入我個人研發的「就是醬」(P.19)，滋味更有層次，值得一試。

難易度 ★★
2人份

健 康 的 快 速 濃 湯

雪白豬骨濃湯

美味關鍵

加入鹽及糖
的時間點

學生曾問：老師的湯都要那麼耗工嗎？其實，以香料與調味還有部分食材過水，掐準鹽糖加入的時間點，就可以做出有韻底的速成湯！

材料

食材
大骨頭帶肉 250
克、嘴邊肉 70 克、
白蘿蔔 100 克、市
售雞高湯 500 克

香料滷包
草果 1 顆、延綏籽
（香菜籽）2 克、
桂皮 2 克、八角 1
粒、小茴香 2 克、
月桂葉 2 片、香菜
1 株

調味料
海鹽 1 克、糖 1 克

做法

1. 取一湯鍋，放入大骨頭及嘴邊肉，加水蓋過食材，開大火汆燙到咖啡色肉末飛揚在鍋中時，撈起肉末繼續汆燙到小血塊飛起後，熄火前就撈起食材，以冷水沖洗乾淨備用。

2. 白蘿蔔先切成片狀，再切塊成為拇指指甲大小，放入冷水備用。

3. 取一湯鍋，市售雞高湯與熟水以 1：1 倒入湯鍋中，開大火，放入步驟 1.、2.，放入海鹽與糖。

4. 將香料滷包材料中的草果拍開，再加入延綏籽（香菜籽）、桂皮、八角、小茴香、月桂葉（香菜除外）放入不織布滷包中，將滷包放入湯內（這時仍是大火狀態）熬煮 20 分鐘後，改成中小火，放上鍋蓋再熬煮 10 分鐘後熄火，取一湯碗，放入切碎的香菜，倒入湯，即完成美味湯品。

料 理 小 秘 訣

① 先放入糖跟鹽是為了讓大骨與嘴邊肉入味。

② 市售雞高湯搭配上水才能禁得起長期熬煮的耗損水量，也才能熬得出真正的骨湯，通常是以 1：1 的比例製作。

③ 這道基底湯可用來當冷泡飯的基底、火鍋湯的基底、陽春麵湯的基底及西式濃湯白肉類的基底等。

難易度 ★★
2人份

怎 麼 搭 都 好 喝

萬用豚骨蔬菜高湯

美味關鍵
大骨敲碎
要烤過

「最好喝的湯就是冷掉時也好喝！」湯需要好的基底就像精油一樣，而豚骨蔬菜高湯就是湯中之王。

材料

食材

豬大骨 1 公斤、雞胗 1 個、雞骨 1 副、雞爪 3 支、山藥 100 克、紅蘿蔔 1 根、高麗菜 1/2 顆

調味料

歸綏籽 3 克、八角 1 粒、草果 1 顆、西芹 1 根、桂皮 5 克、水 4,000 毫升、海鹽適量、糖適量、米酒 50 毫升

工具

滷包袋 1 個

做法

1. 豬大骨洗淨後隔著布略微敲碎，放入烤箱以 200℃烘烤 25 分鐘備用。
2. 雞胗、雞骨、雞爪汆燙後備用。
3. 將歸綏籽、八角、桂皮、草果放入滷包袋中，投入大湯鍋中，加入水，以大火熬煮 10 分鐘後，轉中小火放入烤過的豬大骨與步驟 2. 的材料繼續熬煮，需不斷翻滾避免焦底。
4. 西芹不去筋折斷、山藥切片、紅蘿蔔切片、高麗菜撕開放入步驟 3. 的湯鍋中轉中大火，繼續熬煮 2 小時後，再加入海鹽與糖（1：1），再加入米酒即完成美味的湯頭。

料 理 小 秘 訣

① 大骨敲碎烤過，能讓湯頭的香味更加濃郁。
② 骨頭進湯鍋時須注意每隔幾分鐘就要翻動避免燒焦，或是將瓦斯爐調成外圈火。
③ 這個湯頭可運用於炒菜時代替水的部分，還有取代市售的高湯甚至乾拌麵的湯，還可分裝在冰塊盒中，需要時再拿幾塊出來使用。

難易度 ★★
2人份

回 味 再 三 的 好 湯

清燉牛骨香料高湯

無論是西餐或是中餐，在高階餐廚中都需要炒菜的高湯。自製的高湯少了香料的香味，卻多了健康，也多了 DIY 過程中的樂趣。

材料

食材
洋蔥 2 顆、蔥 2 根、老薑 40 克、白蘿蔔 1 公斤、豬皮 50 克、牛腿骨（對切）500 克、 水 7,000 毫升、牛油 60 克、紅蔥頭 60 克

調味料
白砂糖 15 克、二砂糖 15 克、海鹽 30 克

清燉牛肉湯滷包
川芎 10 克、山奈 10 克、當歸 10 克、桂枝 10 克、八角 6 粒、紅花椒 30 克、白芷 10 克、白胡椒粒 50 克、小茴香 20 克、淮山 20 克、薏仁 20 克

做法

1. 洋蔥切滾刀、蔥留鬚切段、老薑洗淨後不去皮切塊、白蘿蔔及豬皮切片備用。

2. 牛腿骨以布包著，以硬物敲碎後看到骨髓，烤箱以 180℃預熱 10 分鐘後，放入牛骨烘烤到微焦呈金黃色（大約 20 分鐘）備用。

3. 準備 10 公升的大湯鍋，倒入 7,000 毫升水，開中大火煮到滾。放入白蘿蔔、豬皮與烘烤過的牛骨，轉中小火。須注意沉在底部的食材要定時攪拌，避免燒焦。

4. 另取一大炒鍋以中小火熱鍋，將牛油融化後，放入紅蔥頭、洋蔥、蔥段及老薑，不斷翻炒避免黏鍋，直至薑呈金黃色，這時把微焦的蔥撈起丟棄，將其他材料與牛油倒入步驟 3. 的湯鍋，放入清燉牛肉湯滷包。

5. 熬煮 6 小時後大約產出 4,000 毫升左右的高湯底，再加入白砂糖、二砂糖和海鹽，蓋上鍋蓋留縫待涼，即完成美味高湯。

料 理 小 秘 訣

① 牛骨要對半切再烤過，會讓湯頭滋味更鮮美。

② 製作冷凍調理包時，習慣使用 150 公升湯鍋輔以低湯爐。熬湯料會放入籠子中，可避免直接接觸低湯爐火燒焦的風險。

③ 步驟 5. 待涼的過程中，一定要留縫，因為完全燜住無法對流降溫，容易使湯品變質。

④ 這個湯頭可以用來煮麵疙瘩、貓耳朵、代替義大利波隆那肉醬所需要的水；也可以加入豆瓣醬與醬油，即成為簡易的紅燒牛肉麵湯頭。

難易度
★
2人份

超 鮮 的 美 味
海 鮮 高 湯

海鮮高湯是海鮮類餐點燉、炒、煨、煮的一切基底,要有層次入味的湯底而非調味出來的湯品,需要很大的熱忱與決心。

材料

食材
西芹 2 根、洋蔥 2
顆、鯛魚骨 2 副、
蒜仁 5 顆

調味料
白胡椒粒適量、歸
綏籽 1 克、月桂葉
3 片、無鹽奶油適
量、水 3,500 毫升、
白葡萄酒 150 毫
升、海鹽適量

做法

1. 西芹去葉切段、洋蔥對半切備用。

2. 鯛魚骨洗淨後泡在冷水裡 20 分鐘去血水與腥味備用。

3. 烤箱以 100℃預熱 10 分鐘後,將鯛魚骨頭放進烘烤至表面呈白色乾燥狀(約 20 分鐘)備用。

4. 取一炒鍋,開中小火熱鍋,將奶油放入,將西芹、洋蔥、蒜仁整粒和白胡椒粒、歸綏籽、月桂葉一起放入炒鍋,稍微拌炒至有香味(不要爆到金黃色),熄火備用。

5. 取一湯鍋,放入 3,500 毫升水,開中大火,待水滾後轉中小火,放入魚骨和步驟 4. 的材料,每隔幾分鐘就攪拌避免黏鍋燒焦。大約 1 小時左右即可倒入白葡萄酒與海鹽煨煮一下熄火待涼,即完成美味海鮮高湯。

料 理 小 秘 訣

① 只要是白魚的魚骨都適合,魚骨進烤箱只要烤到白色表面沒有水分即可。

② 高湯要長期保存,唯一的方式就是讓它迅速冷卻再分裝進冷凍。在中央廚房裡的冷凍室,因為有大型電風扇可以循環,所以保鮮方便。

③ 這高湯可以用來做經典魚翅羹小吃、海鮮義大利麵、義大利海鮮燉飯、馬賽海鮮濃湯,還有我最喜歡的海鮮麵疙瘩。

用料理寫日記，
記錄我的廚師人生

翻到最後，我想為我的第一本料理書，
寫一點什麼結尾！

我經常在想，
要以什麼料理，在閉上眼睛一片漆黑熄燈時讓你記憶？
要用什麼料理，讓你在過了一星期、一個月、一年，卻一再回味？
這些答案，我還沒有找到，
但可以確定的是，
如果你喜愛我的料理，我會努力做好；
你不喜歡青椒，我會努力多花一點心，讓你閉著眼以為這是茄子；
如果你不喜歡茄子，那我會讓你喜歡上我的料理！

最不完美的完美廚師，
要過上完美的料理人生。
用我發現或發明的料理，
透過冰冷的紙張，
用小廚師熱情的溫度，
讓你知道！

我，熱愛料理，
我，是廣宏一！

TO： 朱雀文化事業有限公司

11052 台北市基隆路二段 13-1 號 3 樓

《一起吃飯吧！帥廚廣宏一的經典家常菜 100》**抽獎活動**

買書寄回函，搶總裁套房、琺瑯湯鍋及「唯 8」個名額，和老師「一起吃飯」！

凡購買《一起吃飯吧！帥廚廣宏一的經典家常菜 100》一書，寄回抽獎券（須貼郵資），即可參加抽獎活動。幸運讀者可獲得由新竹安捷國際酒店所提供的「安捷行政總裁套房」、品硯美學廚電提供的「SIEGWERK ClassicLine 琺瑯雙耳淺湯鍋 26 公分」及「唯你獨有」獎──與廣宏一老師「一起吃飯」！

首獎 2名 安捷行政總裁套房
（乙房價值 13,750 元）

「唯你獨有」獎 8名

由廣宏一老師親手料理，和 8 名幸運讀者「一起吃飯」

（乙人價值 3,600 元，「一起吃飯」時間：2020/2/8(六)，地點將於 12 月中旬廣宏一老師粉絲頁＆朱雀文化 FB 公告）

二獎 1名 SIEGWERK ClassicLine 琺瑯雙耳湯鍋 26 公分
（乙個價值 12,800 元）

封口黏貼處

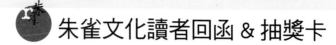

朱雀文化讀者回函 & 抽獎卡

姓名：＿＿＿＿＿＿＿＿＿＿＿＿＿＿＿　電話：＿＿＿＿＿＿＿＿＿＿

電子信箱：＿＿＿＿＿＿＿＿＿＿＿＿＿＿＿＿＿＿＿＿＿＿＿

地址：＿＿＿＿＿＿＿＿＿＿＿＿＿＿＿＿＿＿＿＿＿＿＿＿

從哪裡得知本書出版資訊

□網路（□廣宏一老師粉絲頁□朱雀官網 &FB □其他網路＿＿＿＿＿＿＿）
□朋友介紹□書店現場□其他

從何處購買本書

□實體書店（□金石堂□誠品□三民□紀伊國屋）
□其他書店
□網路書店（□博客來□金石堂□誠品□其他網路書店＿＿＿＿＿＿＿）
□其他

購買本書的原因（可複選）

□主題□作者□出版社□設計□定價□贈品□其他

本書的優點：＿＿＿＿＿＿＿＿＿＿＿＿＿＿＿＿＿＿＿＿＿

經常購買哪一類書：＿＿＿＿＿＿＿＿＿＿＿＿＿＿＿＿＿

最喜歡書裡哪一道料理：＿＿＿＿＿＿＿＿＿＿＿＿＿＿＿

認為本書需要改進的地方是：＿＿＿＿＿＿＿＿＿＿＿＿＿